水产动物的
牛磺酸营养

韩雨哲 任同军 著

中国农业出版社
北 京

根据《2020 中国渔业统计年鉴》报道，2019 年，我国的水产养殖产量已达到 5 000 余万 t。其中，鱼类与甲壳类等的养殖产量已达到 3 000 余万 t。水产养殖产量逐年增加，形成了我国优质食用蛋白的主要供给来源之一，成为国家粮食安全战略的重要环节。而优质饲料蛋白源供给不足，已经成为制约水产养殖产量的重要因素。尤其是一直以来"以鱼养鱼"的传统养殖模式及饲料配方设计，使得水产饲料产业的发展过度依赖鱼粉的供给。随着世界渔业捕捞产量的"达峰"以及国际鱼粉贸易的"配额制"等的制约，亟待针对水产饲料工业产业及水产养殖产业进行技术升级。

水产饲料中鱼粉替代物的研究及替代技术是当今水产动物营养与饲料产业发展的瓶颈，而水产饲料功能性氨基酸的研究已逐步成为水产动物营养与饲料学的研究热点之一。针对亟须的水产动物营养与饲料加工技术、精准营养供给技术等方面，在国家重点研发项目"蓝色粮仓"计划中，明确设置了针对水产动物营养需求与代谢调控机制、养殖动物新型蛋白源开发与高效饲料研制等重点攻关方向，并开展了一系列的工作。

功能性氨基酸在水产动物饲料中一直以来发挥着"微量高效"的重要作用。其中，牛磺酸作为一种在水产饲料中发挥重要作用的条件性必需氨基酸，在近些年来越来越受到水产动物营养学研究的关注。牛磺酸具有提升水产饲料诱食性、参与其他营养物质代谢、促进营养物质消化吸收、参与水产动物免疫调节等重要功能，是提

1

升低鱼粉饲料利用效率、提升水产动物营养物质消化代谢水平以及保证精准营养供给的重要因子。

在这样的背景下，以水产动物饲料中功能性氨基酸，尤其是牛磺酸的生理功能和作用效果等相关研究为基础，总结了近十年来大连海洋大学水产动物营养与饲料实验室在牛磺酸营养研究方面的最新研究成果，结合作者在日本学习期间针对功能性氨基酸研究所取得的一些成果编著了此书。

本书的主要内容包括重要功能性氨基酸的营养研究现状、牛磺酸对水产动物生长的影响、牛磺酸对水产动物免疫及抗应激能力的影响、牛磺酸对水产动物肠道健康及消化能力的影响，以及牛磺酸对水产动物肝脏健康及脂肪代谢的影响。本书集理论性和实用性为一体，能够作为水产科研人员的参考资料、水产相关专业学生的参考书，也可以作为水产饲料产业从业人员的基础资料。

韩雨哲撰写了本书的第一章、第三章、第四章、第五章、第六章，任同军撰写了本书的第二章。本书的内容不仅包括了最新的研究成果，也包括了实验室周婧、赵月、石立冬、卫力博等硕士研究生的试验成果。同时，在本书的撰写过程中，石立冬参与完成全书的编校工作。对此，我们表示衷心感谢！

韩雨哲

2022 年 3 月

前言

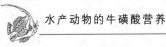

第一章
水产动物的功能性氨基酸营养

第一节 功能性氨基酸

>> **一、功能性氨基酸的基本概念**

构成动物蛋白质成分的氨基酸仅有 20 种。传统上，这 20 种氨基酸被分为必需氨基酸、条件性氨基酸和非必需氨基酸。人们大多关注必需氨基酸，而忽视非必需氨基酸的重要性。然而，越来越多的研究证实，非必需氨基酸在物质代谢和免疫功能等方面具有独特的作用。这使得人们开始对氨基酸有新的思考，在这样的情况下，相关研究人员提出功能性氨基酸的概念。

功能性氨基酸是指除合成蛋白质外，还具有其他特殊功能的氨基酸，不仅是动物正常生长所必需的，而且对很多生物活性物质的合成也是必需的，具体包括苏氨酸（Threonine，Thr）、甘氨酸（Glycine，Gly）、精氨酸（Arginine，Arg）、色氨酸（Tryptophan，Trp）、谷氨酰胺（Glutamine，Gln）、含硫氨基酸（Sulfur - containing amino acids，SAA）和支链氨基酸（Branched - chain amino acid，BCAA）等。目前，功能性氨基酸在水产养殖中应用广泛，表 1 - 1 总结了功能性氨基酸在水产养殖中的应用及在水产动物生理功能和代谢中的作用。

表 1 - 1 功能性氨基酸在水产动物生理功能和代谢中的作用

（引自 Peng et al.，2009）

氨基酸	功能	物种	参考文献
丙氨酸、谷氨酸和丝氨酸	食欲	大多数鱼类	Shamushaki et al.，2007
精氨酸	杀死入侵微生物	斑点叉尾鮰	Buentello and Gatlin，1999
精氨酸	促进神经功能和发育	罗非鱼	Bordieri et al.，2005
精氨酸	调节血管张力、血流量、鳃渗透压和细胞信号	鲔	Hyndman et al.，2006
精氨酸和蛋氨酸	诱导幼鱼肠道成熟	鲈	Pe´res et al.，1997

（续）

氨基酸	功能	物种	参考文献
精氨酸、蛋氨酸和甘氨酸	储备能量、抗氧化剂	北极红点鲑	Bystriansky et al.，2007
半胱氨酸、谷氨酸和甘氨酸	抗氧化剂与细胞信号转导	所有物种	Wu et al.，2004
谷氨酸和谷氨酰胺	去除氨氮	虹鳟	Anderson et al.，2002
谷氨酸	促进变态发育	鲍鱼	Morse et al.，1979
谷氨酸	调节摄食量	牙鲆	Kim et al.，2003
谷氨酰胺	提高生长、饲料效率和促进肠道发育	鲤	Lin and Zhou，2006
谷氨酰胺	刺激巨噬细胞、细胞信号	斑点叉尾鮰	Buentello and Gatlin，1999
谷氨酰胺、甘氨酸和天冬氨酸	遗传信息的存储和表达、生物合成、免疫和繁殖	各种鱼类	Li and Gatlin，2006
甘氨酸	增加肝脏甲状腺素 5'单脱碘酶	虹鳟	Riley et al.，1996
甘氨酸	渗透调节	牡蛎	Takeuchi，2007
组氨酸	防止 pH 变化	鲑	Mommsen et al.，1980
亮氨酸	免疫调节和细胞信号传导	各种鱼类	Li and Gatlin，2007
赖氨酸和蛋氨酸	线粒体膜上的脂质转运体	各种鱼类	Harpaz，2005
蛋氨酸	膜结构、神经递质和甜菜碱合成	各种鱼类	Mai et al.，2006b
脯氨酸	促进生长、胶原蛋白功能	鲑	Aksnes et al.，2008
苯丙氨酸和酪氨酸	影响变态发育	舌鳎	Pinto et al.，2008
苯丙氨酸和酪氨酸	提高生长性能	斑点叉尾鮰	Garg，2007
苯丙氨酸和酪氨酸	影响色素沉着	牙鲆	Yoo et al.，2000
苯丙氨酸和酪氨酸	影响色素沉着	虹鳟	Boonanuntanasarn et al.，2004
苯丙氨酸和酪氨酸	调节应激反应的神经递质	牙鲆	Damasceno - Oliveira et al.，2007

（续）

氨基酸	功能	物种	参考文献
苯丙氨酸和酪氨酸	下调免疫力	虾类	Chang et al.，2007
色氨酸	调节皮质醇的释放	虹鳟	Lepage et al.，2003
色氨酸	改善性腺发育	马苏大麻哈鱼	Amano et al.，2004
牛磺酸	渗透压调节	鲤	Zhang et al.，2006
牛磺酸	硬度适应	斑点叉尾鲴	Buentello and Gatlin，2002
牛磺酸	肠道发育	军曹鱼	Salze et al.，2008
牛磺酸	视网膜发育	玻璃鳗	Omura and Inagaki，2000

》 二、功能性氨基酸的主要种类

目前，功能性氨基酸分为苏氨酸、甘氨酸、精氨酸、色氨酸、谷氨酰胺、含硫氨基酸和支链氨基酸等。

1. 苏氨酸 苏氨酸作为必需氨基酸之一，属于易缺乏氨基酸，在植物蛋白源中常常是第二或者第三限制性氨基酸，其结构如图1-1所示。苏氨酸具有重要的生理作用，参与蛋白质的合成、促进生长，且具免疫功能。随着蛋白质氨基酸营养需求研究的

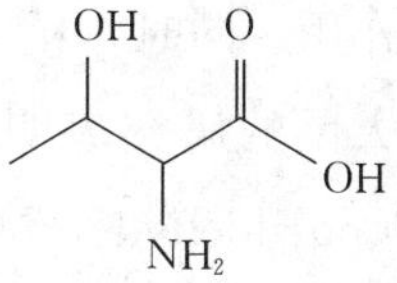

图1-1 苏氨酸结构
(引自周春燕和药立波，2018)

不断深入，苏氨酸在日粮氨基酸平衡中的作用日益突出，最显著的是苏氨酸的缺少会限制养殖动物的生长。国内外学者已确定了印度鲤（*Cirrhinus mrigala*）、欧洲黑鲈（*Dicentrarchus labrax*）、牙鲆（*Paralichthys olivaceus*）、美国红鱼（*Sciaenops ocellatus*）、草鱼（*Ctenopharyngodon idella*）、花鲈（*Lateolabrax japonicus*）对苏氨酸的需求量，其范围占粗蛋白的2.3%～4.60%。

2. 甘氨酸 甘氨酸是中枢神经系统中的神经递质，调节动物行为、食物摄入量和全身的平衡，其结构如图1-2所示。同时，通过白细胞和巨噬细胞中的甘氨酸门控氯离子通道，甘氨酸能够调控细胞内Ca^{2+}水平，调节细胞因子和超氧化物的产生以及免疫功能。尽管甘氨酸的轻微不足不会危及生命，但长期缺乏会导致次优生

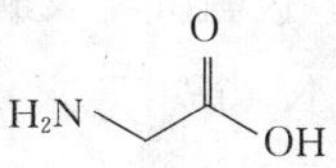

图1-2 甘氨酸结构
(引自周春燕和药立波，2018)

3

长、降低免疫力以及其他对营养代谢和健康不利的影响。

3. 精氨酸 精氨酸在鱼体内具有多种营养作用，是维持鱼类生长的必需氨基酸，其结构如图1-3所示。精氨酸作为蛋白质中重要的组成部分，参与体内多个重要的代谢途径，在生物体的合成和代谢过程中起着重要作用，是肌酸、多胺、一氧化氮（NO）等活性物质合成的前体物。同时，精氨酸还能参与尿素循环中的氮代谢，刺激生长激素和胰岛素分泌。另外，对硬骨鱼类的研究发现，其体内存在完整的尿素循环体系，这表明硬骨鱼类自身存在合成精氨酸的潜力。但在鱼体中，尿素循环的活力与哺乳动物相比非常低。由于精氨酸具有多样化的生理功能，受到了人们的广泛关注。研究表明，鱼类与哺乳动物一样，其体内存在氧化与抗氧化平衡系统。精氨酸及其代谢产物NO在机体的抗氧化和免疫功能方面起着非常重要的作用。同时，精氨酸在机体的生长和代谢方面也具有重要作用。Huang等对大鼠的研究表明，精氨酸可以提高大鼠的抗氧化酶活性，降低丙二醛（Malondialdehyde，MDA）含量，从而降低氧化应激对组织的损伤。张漓等研究指出，小剂量的L-精氨酸，对大鼠机体有一定的保护作用；大剂量的L-精氨酸，反而促进机体自由基的生成，会对机体造成一定的损伤。廖英杰等对团头鲂（*Megalobrama amblycephala*）的研究表明，饲料中适宜的精氨酸水平可以提高血清中总蛋白和球蛋白含量，并显著降低尿素氮含量和谷草转氨酶活性，从而促进氨基酸代谢和蛋白质合成。Han等人（2013）探究了饲料中精氨酸和组氨酸的交互作用对牙鲆生长指标和血液参数等指标的影响，结果表明，牙鲆饲料中添加2.7%的精氨酸和1.56%的组氨酸时，牙鲆的生长性能（终末体重、增重率和特定生长率）达到最高。

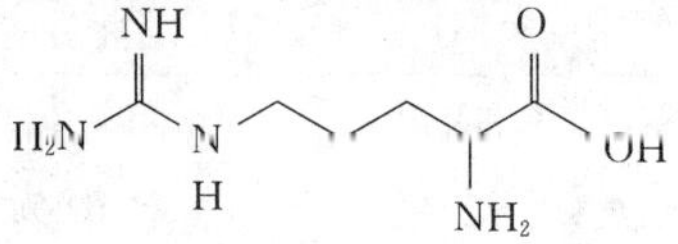

图1-3 精氨酸结构

（引自周春燕和药立波，2018）

4. 色氨酸 又称β-吲哚基丙氨酸，化学式为$C_{11}H_{12}N_2O_2$，是水产动物的必需氨基酸，其结构如图1-4所示。色氨酸是饲料蛋白质的重要组成成分，是高脂肉粉、骨粉的第一限制性氨基酸，是玉米蛋白粉、血粉、禽下脚料及蚕豆的第二限制性氨基酸，是羽扇豆、羽毛粉的第三限制性氨基酸。

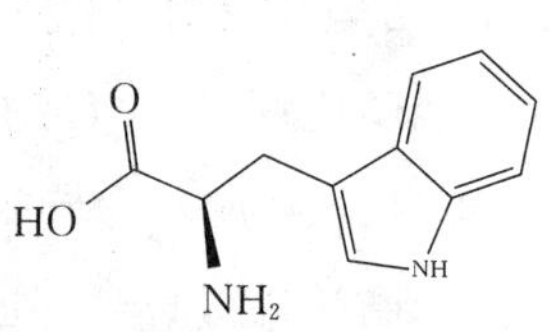

图1-4 色氨酸结构

（引自周春燕和药立波，2018）

色氨酸缺乏，导致虹鳟（*Oreochromis niloticus*）生长性能降低、脊柱侧凸、前凸及白内障，肝脏、肾脏中钙、镁、钠及钾的含量升高。在色氨酸缺乏饲料中补充晶体色氨酸，可以提高虹鳟、非洲鲇（*Clarias gariepinus*）、杂交条纹鲈（*Morone chrysop* ×*M. saxatilis*）的生长性能。色氨酸是5-羟色胺的前体物质，5-羟色胺是一种重要的神经递质，可以调节水产动物的摄食及攻击行为。Han 等人（2013）探究了饲料中色氨酸和蛋氨酸的交互作用对牙鲆生长指标和血液参数等指标的影响，结果表明，牙鲆饲料中添加 1.8% 的蛋氨酸（占饲料干重）和 0.5% 的色氨酸（占饲料干重）时，其生长性能和血液参数达到最高值。

5. 谷氨酰胺 "条件必需氨基酸"谷氨酰胺是机体内含量丰富的一种氨基酸，在供能、蛋白质和核苷酸合成、免疫以及抗氧化等生理活动中发挥着重要的功能，其结构如图 1-5 所示。有关谷氨酰胺对哺乳动物免疫作用的研究较为深入，近年来，谷氨酰胺在鱼类免疫中的应用成为研究热

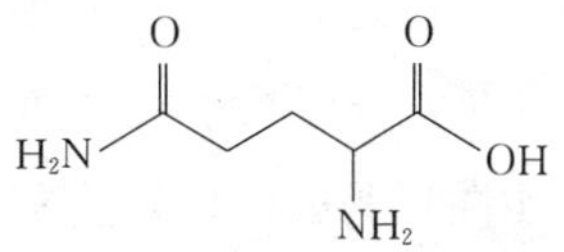

图 1-5　谷氨酰胺结构
（引自周春燕和药立波，2018）

点之一。仔、稚鱼阶段的主要免疫方式为非特异性免疫。溶菌酶（Lysozyme, LZM）是非特异性免疫防御中重要的组成部分，其活力可以从一定程度上反映机体非特异性免疫水平。此外，一氧化氮（NO）作为一种由激活的巨噬细胞产生的分子，除了参与细胞内和细胞间的信号调节以外，还在抵御病原菌方面发挥着重要的免疫功能。在美国红鱼（*Sciaenops ocellatus*）、杂交鲟（*Acipenser schrenckii* × *Huso dauricus*）和建鲤（*Cyprinus carpiovar*）幼鱼中的研究发现，在饲料中添加适量谷氨酰胺，能够增强头肾巨噬细胞溶菌酶活力，提高血清 C3 和 C4 补体水平，调节头肾和脾脏中细胞因子的基因表达。Han 等人（2014）探究了饲料中谷氨酰胺和牛磺酸的交互作用对牙鲆的影响，结果表明，饲料中牛磺酸或谷氨酰胺的水平对牙鲆的生长指标有显著影响，且喂食高水平牛磺酸（1.6% 占干饲料）和谷氨酰胺（1.5% 占干饲料）时，鱼体表现出更高的抗氧化性，这表明牛磺酸和谷氨酰胺在鱼体氧化应激保护中的重要作用。

6. 含硫氨基酸 含硫氨基酸的分子式中含有硫元素，且这些硫元素形成的化学键具有一定的生理功能。含硫氨基酸共有牛磺酸（Taurine，牛磺酸）、

蛋氨酸（Methionine，Met）、半胱氨酸（Cysteine，Cys）和胱氨酸（Cystine，Cys-Cys）4种。在生物体内，蛋氨酸可转变为牛磺酸、半胱氨酸和胱氨酸，其中半胱氨酸和胱氨酸可通过氧化还原反应相互转化。牛磺酸和胱氨酸不参与蛋白质的合成，蛋白质中的胱氨酸由半胱氨酸残基氧化脱氢而来。蛋氨酸和半胱氨酸是合成还原型谷胱甘肽（Glutathione，GSH）的前体物质，且半胱氨酸对GSH的合成具有反馈作用。GSH不但能促进蛋白质合成，而且是机体内重要的抗氧化物质。

（1）牛磺酸 又称β-氨基乙磺酸，其结构如图1-6所示，纯品为无色或白色斜状晶体，无味，化学性质稳定，不溶于乙醚等有机溶剂，是一种含硫的非蛋白氨基酸。不参与体内蛋白质合成，是一种功能性氨基酸，以游离氨基酸或小肽形式存在。可由蛋氨酸、胱氨酸、半胱胺等含硫氨基酸经一系列

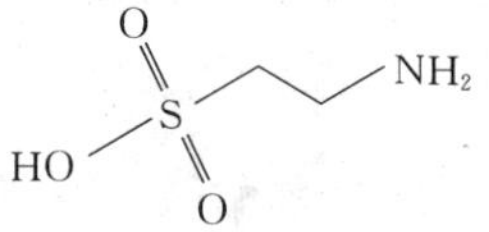

图1-6　牛磺酸结构
（引自周春燕和药立波，2018）

酶促反应合成，脊椎动物中肝脏、肾脏、脑、骨骼肌等组织器官均具有牛磺酸合成能力，其中肝脏为主要合成器官。

牛磺酸作为鱼类正常生长发育的条件性必需氨基酸，在机体内发挥着重要的生理功能。有研究发现，饲料中添加牛磺酸，均能显著提高欧洲鲈（*Lateolabrax japonicus*）、牙鲆（*Paralichthys olivaceus*）、尼罗罗非鱼（*Oreochromis niloticus*）、青鱼（*Mylopharyngodon piceus*）、真鲷（*Pagrosomus major*）及石斑鱼（*Epinephelus aeneus*）的生长性能。其原因可能是：①牛磺酸具有一定诱食性，能通过含硫功能键刺激嗅觉和味觉器官，促进水产动物摄食。②参与营养物质代谢、脂肪代谢。牛磺酸与胆酸、鹅脱氧胆酸等游离胆酸形成牛磺胆酸、牛磺鹅脱氧胆酸等结合胆汁酸，结合胆汁酸乳化脂肪能力强，增大脂肪与脂肪酶接触面积，进而促进脂肪消化吸收。牛磺酸能促进脂肪酸氧化，减少脂肪合成，降低脂肪在体内沉积。牛磺酸可以通过抑制一些腺嘌呤核苷三磷酸（ATP）敏感钾通道的活性，刺激胰岛素分泌，调节机体糖代谢；牛磺酸能提高鱼类血清甲状腺激素水平，甲状腺激素控制着鱼类生长激素基因的表达和合成，生长激素可促进鱼类蛋白质合成，并能促进肝脏多胺的合成，而多胺能促进细胞生长和增殖。③牛磺酸通过修复肠道损伤，提高肠道消化酶活性，进而增强肠道对营养物质的消化吸收。④牛磺酸及其衍生物，能有效清除

体内氧化有害物质，减少细胞被氧化的可能，并通过参与免疫系统调节，抑制机体炎症的发生。动物体内牛磺酸的合成和代谢处于动态平衡状态，当机体牛磺酸含量超过机体需要量时，多余的牛磺酸会随着尿液排出体外。当体内牛磺酸不足时，肾脏通过重吸收减少牛磺酸排泄。有研究表明，动物自身对牛磺酸的合成代谢调节，会影响外源性牛磺酸的添加效果。

（2）蛋氨酸 又名甲硫氨酸，白色结晶状薄片或粉末，有特殊气味，其结构如图 1-7 所示。蛋氨酸作为含硫的必需氨基酸，机体自身不能直接合成，只能从食物中获得。高植物蛋白饲料中添加蛋氨酸，能提高尼罗罗非鱼、军曹鱼（*Rachycentron canadum*）、大菱鲆（*Scophthalmus maximus*）、虹鳟（*Oncorhynchus mykiss*）、南美白对虾（*Penaeus vannamei*）以及鲫（*Carassius auratus*）的生长性能，调节鱼类代谢。蛋氨酸主要代谢场所是肝脏，饲料中蛋氨酸的平衡，能有效提高肝脏功能，增强机体对营养物质的代谢效果，其代谢紊乱会导致肝脏病变。蛋氨酸代谢涉及三大稳态：细胞内的甲基供应、抗氧化能力和肝脏病变。甲基涉及许多物质代谢，包括宏观物质如胆碱、甜菜碱、叶酸、磷脂、多胺等；也包括 DNA、RNA 等微观物质代谢。SAM 是生物体内主要的甲基供体，同时，也是蛋氨酸的代谢中间产物。所以，蛋氨酸代谢紊乱会导致甲基供应不足，而致整个基因组甲基化程度变化以及胆碱等代谢物质改变，使机体产生病变，病症表现为癌症、贫血、神经疾病和发育畸形。当饲料中蛋氨酸不足时，会造成鱼体摄食减少，饲料系数降低，蛋白质沉积率下降，阻碍鱼类生长，甚至导致鱼类存活率降低。其原因可能如下：①蛋氨酸及其衍生物能呈现鲜味，具有一定的诱食效果，能促进水产动物摄食；②蛋氨酸作为真核生物蛋白质代谢的起始氨基酸，不仅直接参与蛋白质的合成，还可以通过转化为半胱氨酸间接参与蛋白质合成，在生物体内蛋白质合成代谢中起着重要作用；③蛋氨酸通过促进肝胰脏和肠道的发育，促进肝胰脏和肠道消化酶的分泌，进而提高鱼类的消化吸收能力；④蛋氨酸通过促进肠道乳酸杆菌和芽孢杆菌的增长，进而抑制大肠杆菌和嗜水气单胞菌增长，进而调节肠道微生态平衡；⑤蛋氨酸通过增强白细胞的吞噬能力并提高特异性抗体效价，进而提高鱼类特异和非特异性免疫能力。当饲料中蛋氨酸过量时，对鲤（*Cyprinus*

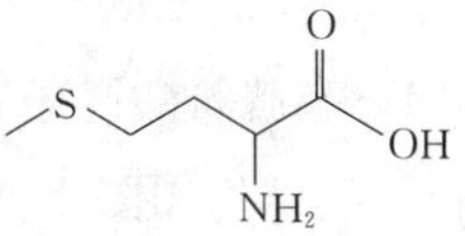

图 1-7 蛋氨酸结构
（引自周春燕和药立波，2018）

carpio)、黄条鰤（*Seriola aureovittata*）以及黄鲈（*Diploprion bifasciatum*）等生长无显著影响，但对军曹鱼和大黄鱼（*Larimichthys crocea*）会有显著的抑制作用。饲料中蛋氨酸过高，一方面会影响饲料风味，并转化为有毒的酮类物质，影响水产动物生长；另一方面，占用机体氨基酸转运载体，使其他氨基酸转运受到限制。

（3）半胱氨酸　半胱氨酸是一类氨基硫醇类化合物，L-半胱氨酸脱羧后的产物，也是辅酶 A 的构成单位，其结构如图 1-8 所示。半胱氨酸因其中的巯基易被氧化，生成胱氨酸，饲料中主要添加形式为半胱胺盐酸盐。半胱氨酸在脑垂体合成与分泌代谢过程

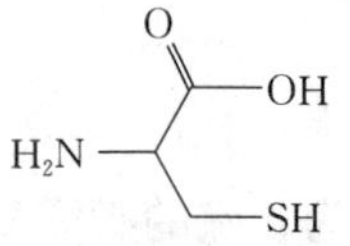

图 1-8　半胱氨酸结构
（引自周春燕和药立波，2018）

中，受刺激性和抑制性神经内分泌因子双重调控。研究表明，饲料中添加半胱氨酸，能显著提高鲤、中华鳖（*Trionyx sinensis*）和大菱鲆生长性能，提高机体氨基酸的合成代谢能力，促进蛋白质的沉积，增强脂肪分解代谢能力。有研究表明，饲料中添加 400 mg/kg 半胱氨酸（50%），可显著提高鲤生长性能，但 800 mg/kg 则抑制生长。也有研究发现，饲料中添加半胱氨酸的效果因为雌雄差异而不同，可能与雌雄个体生殖或代谢差异有关。有学者认为，半胱氨酸能特异性抑制生长抑素和多巴胺羟化酶的活性，提高生长激素的产生，并通过调控动物生长激素轴，进而刺激肠道消化酶分泌，增强营养物质吸收。机体内半胱氨酸可由蛋氨酸转化而来，但半胱氨酸不能转化为蛋氨酸。半胱氨酸在不同鱼类中节约蛋氨酸需求比例分别为：斑点叉尾鮰（*Ietalurus punetaus*）60%、虹鳟 42%、红鼓鱼（*Sciaenops ocellatus*）40% 及条形鲈（*Morone chrysops*×*M. saxatilis*）40%。半胱氨酸能参与谷胱甘肽和牛磺酸的合成代谢，谷胱甘肽不仅是体内重要的抗氧化剂，并参与机体营养代谢和调节细胞活动，与细胞增殖和凋亡、信号传导、激素调节与免疫应答有着密切关系。

（4）胱氨酸　为白色无味结晶体，易溶于稀酸和碱性溶液，难溶于水，不溶于乙醚和乙醇等有机溶剂，其结构如图 1-9 所示。胱氨酸作为生物体非必需氨基酸，是一种饲料营养强化剂，能促进细胞机能，维持蛋白质构型，有利于动物发育，增强

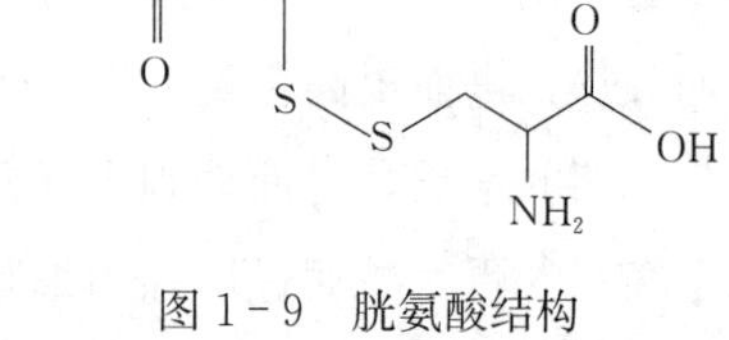

图 1-9　胱氨酸结构
（引自周春燕和药立波，2018）

8

肝肾功能，中和毒素，促进机体生长。胱氨酸在水产动物饲料中的研究报道不多，多见于畜禽动物，其主要原因是胱氨酸能提高畜禽动物的毛皮质。有研究发现，虹鳟饲料中添加胱氨酸，可提高组织中牛磺酸含量，并能利用胱氨酸作为前体合成牛磺酸。但也有研究表明，牙鲆和真鲷不能利用胱氨酸合成牛磺酸。高植物蛋白饲料中添加胱氨酸并不能提高大菱鲆生长，但存在将胱氨酸转化为牛磺酸的途径，并通过控制半胱胺双加氧酶来调节肝脏中牛磺酸含量。也有研究表明，在蛋氨酸缺乏的饲料中，适宜的胱氨酸能合成含硫活性物质，维持机体正常的生长和代谢，弥补因蛋氨酸缺乏对机体产生的负面影响，促进动物生长。

7. 支链氨基酸 包括亮氨酸（Leucine，Leu）、异亮氨酸（Isoleucine，Ile）和缬氨酸（Valine，Val），占动物和植物蛋白总氨基酸的 $18\%\sim20\%$，它们在通过细胞膜时竞争相同的载体。另外，它们具有相似的化学结构，如亮氨酸的化学结构为 α-氨基异己酸；异亮氨酸化学结构为 α-氨基-β-甲基戊酸；缬氨酸的结构式为 α-氨基异戊酸，即 α-碳链上都含有分支脂肪烃链结构。这 3 种氨基酸统称为分支氨基酸或支链氨基酸。

支链氨基酸是动物维持生长所必需的氨基酸，不能在动物体内合成，是必须从日粮中获得的必需氨基酸，并且在代谢过程中存在较为复杂的颉颃机制。支链氨基酸可促进氮储留及蛋白质合成，在一些生物化学反应及部分动物的生长过程中发挥重要的作用。研究表明，支链氨基酸可延长真鲷鱼卵的孵化时间。研究表明，支链氨基酸能改善运动骨骼肌线粒体的功能，消除运动性疲劳，提高大鼠运动耐力，支链氨基酸在生化代谢过程中的颉颃作用也可反映到其对免疫功能的影响上。氨基酸可显著影响体液的免疫功能，而支链氨基酸在其中的表现较为明显。本实验室以牙鲆为研究对象，以前期试验为基础，研究了其饲料中支链氨基酸交互作用。通过在半精制饲料中分别添加不同比例的支链氨基酸（包括亮氨酸、异亮氨酸和缬氨酸），进行双因素交互作用试验。饲养 60 d 后，测定牙鲆的生长、饲料利用、血液指标、抗氧化性能、消化酶活性、血清游离氨基酸含量以及应激反应等指标，分析其相互关系。结合前期研究成果，综合评价牙鲆饲料中支链氨基酸之间的交互作用，深入讨论牙鲆饲料中 3 种支链氨基酸之间的合理比例。结果发现，亮氨酸与缬氨酸在牙鲆幼鱼的生长指标中，显示出了显著的交互作用。在高亮氨酸水平下持续提高缬氨酸水平,能够显著抑制牙鲆的生长;亮氨酸与异亮氨酸牙鲆幼鱼的生长指标中,也显示出了类似的结果。但是对于异亮氨酸与缬氨酸,两者对牙鲆幼鱼的生长指标交互作用不显著,同时,饲料中高异亮氨酸水平会抑制牙鲆幼鱼的生长指标。

(1)亮氨酸 亮氨酸是生酮氨基酸,动物机体自身不能合成。作为功能性氨基酸之一,其在调节内分泌、免疫、营养等方面都发挥重要的生物学功能,其结构如图1-10所示。早期对氨基酸的研究就发现,

图1-10 亮氨酸结构

亮氨酸在血红蛋白合成和维持血糖水平及激素的增加 (引自周春燕和药立波,2018)

方面起重要作用,并可影响肌肉应激及能量代谢。作为人体必需的氨基酸之一,亮氨酸及其代谢产物可在肌肉蛋白质的合成、骨骼肌微细损伤的修复、糖异生及骨骼肌的葡萄糖摄取方面发挥重要作用。亮氨酸能刺激肌肉蛋白质的合成并可抑制其分解,酮异己酸(KIC)虽具有同样的抑制分解之效,但无改变其合成的能力。经研究,亮氨酸可显著促进 κ-酪蛋白基因的表达及蛋白质合成。对哺乳动物的研究发现,亮氨酸可在细胞蛋白质合成和分解的 mTOR 信号通路中起调节作用,进而对蛋白质的代谢过程产生影响。也有报道称,亮氨酸是通过增强 mRNA 的翻译速度来促进蛋白质合成的。

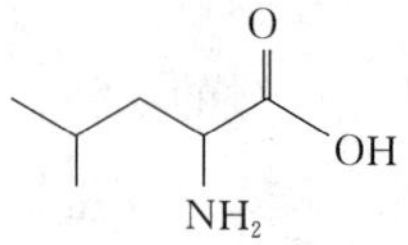

(2)异亮氨酸 异亮氨酸的化学组成与亮氨酸相同,其结构如图1-11所示。具有4种光学异构体,而自然界中仅存在 L-异亮氨酸。L-异亮氨酸是合成激素、酶类的原料,具有促进蛋白质合成和抑制其分解的效果,在生命活动中起着重要作用。作为水产动

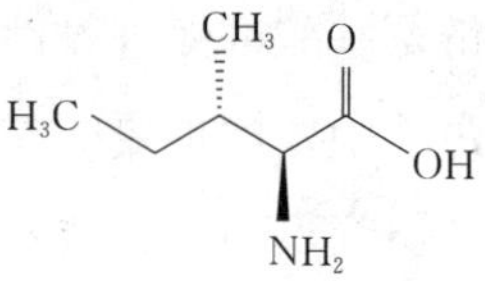

图1-11 异亮氨酸结构
(引自周春燕和药立波,2018)

物必需氨基酸之一的生糖兼生酮氨基酸,异亮氨酸在日粮中的水平可显著影响吉富罗非鱼的生长性能、饲料利用率、体营养组成、消化吸收能力及非特异性免疫能力。尚晓迪在对草鱼幼鱼异亮氨酸需求量的研究中发现,日粮中适宜异亮氨酸水平能明显提高草鱼幼鱼的增重率、特定生长率和蛋白质效率,降低饲料系数;而投喂异亮氨酸水平达 1.67% 日粮的饲养组,草鱼的生长性能最佳;此外,异亮氨酸还可显著提高草鱼幼鱼全鱼和肌肉的蛋白含量及肌肉氨基酸总量,同时可降低全鱼和肌肉的水分,降低全鱼的脂肪含量,改善草鱼品质。还有研究显示,在血粉饲料中添加游离异亮氨酸,对

鲫有明显的促生长作用，饲料效率也可得到提高。此外，异亮氨酸还可影响鲑科、鲤等鱼类的存活率。

（3）缬氨酸　缬氨酸属支链氨基酸，可参与蛋白质和胺神经递质血清素的合成，最早是从动物的胰脏浸提液中分离而来，其结构如图 1-12 所示。缬氨酸是生糖氨基酸，其在免疫球蛋白中所占的比例高于其他氨基酸。当缬氨酸缺乏时，会显著影响胸腺及淋巴组织的生长，并可抑制白细胞的增生。研

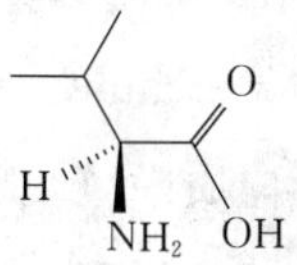

图 1-12　缬氨酸结构
（引自周春燕和药立波，2018）

究表明，缬氨酸可刺激前 T 淋巴细胞和骨骼 T 淋巴细胞前体分化为成熟的 T 淋巴细胞。

缬氨酸在水产动物也有一定的研究，在饲料中添加适量的 L-缬氨酸，对大西洋鲑（*Salmo salar*）、虹鳟、鲤等有明显的诱食效果。目前，有学者认为，饲料中的缬氨酸可显著影响南美白对虾的生长性能和饲料利用率，同时，可提高肌蛋白的沉积；饲料中缬氨酸水平可对南美白对虾血淋巴和肌肉中的丙氨酸转氨酶（谷丙转氨酶）和天冬氨酸转氨酶（谷草转氨酶）活性产生显著影响，还可显著影响血淋巴中超氧化物歧化酶和肝胰腺中碱性磷酸酶的活性；此外，饲料中缬氨酸水平在一定程度上可提高机体的免疫能力。有研究显示，在饲料中添加缬氨酸，在一定程度上可提高草鱼、异育银鲫等动物的生长性能。

第二节　精氨酸的生理作用及在水产饲料中的应用

精氨酸作为鱼类的必需氨基酸，在生物体内参与多种代谢反应，如蛋白质、尿素和鸟氨酸的合成，谷氨酸和脯氨酸的代谢，肌酸和多胺的合成，胰岛素和胰高血糖的排泄等，对促进鱼类生长、增强鱼体免疫、提高抗应激能力有着重要的作用。研究表明，饲料中高于 2.23% 的精氨酸可以显著提高黑鲷（*Sparus macrocephalus*）的增重和特定生长率；高于 1.15% 的精氨酸可以显著降低尼罗罗非鱼的饲料系数（FCR）；2.76% 的精氨酸可以提高美国红鱼血清溶菌酶活性；1.1% 的精氨酸和 0.75% 的谷氨酸可以减少养殖水体温度变化对大西洋鲑产生的应激。

精氨酸学名为 2-氨基-5-胍基-戊酸，分子式为 $C_6H_{14}N_4O_2$，一种脂肪族碱性含有胍基的极性 α 氨基酸，有 D 型和 L 型两种。而动物体内只能代谢利用 L-精氨酸，精氨酸代谢途径如图 1-13 所示。精氨酸最早是在 1886 年由德国科学家 Schule 在羽扇豆幼苗中提取分离出来的；1895 年，Hedin 在哺乳动物的蛋白质中也发现了精氨酸。精氨酸对于维持初生哺乳动物的氮素平衡和促生长起重要作用，健康成年哺乳动物机体能自主合成精氨酸，且合成量能满足机体的需要；但幼年动物及成年动物受损伤或代谢旺盛时，自身合成的精氨酸不能满足机体需求，因此，精氨酸是幼龄哺乳动物的必需氨基酸。精氨酸因其具有广泛的生物学功能而在所有氨基酸中占有很重要的地位，它在机体内参与组织细胞蛋白质、尿素、肌酸、肌酐、一氧化氮（NO）、谷氨酰胺、嘧啶等的合成。它除了有合成蛋白质的基本功能以外，还具有调节营养物质代谢、增强免疫、促进肠道发育、抗氧化、调节机体内分泌等功能。精氨酸也是水产动物的必需氨基酸之一。研究表明，在水产动物饲料中添加适量的精氨酸，能够促进水产动物生长、改善肠道健康状态、提高机体免疫力和抗氧化能力等。因此，本文从精氨酸的生理作用和精氨酸在水产动物饲料中的应用方面对精氨酸生理研究进行综述，旨在为精氨酸在水产动物养殖提供借鉴。

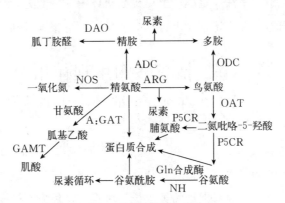

图 1-13　精氨酸的代谢途径

（引自王连生等，2017）

DAO：二胺氧化酶；ADC：精氨酸脱羧酶；ODC：鸟氨酸脱羧酶；NOS：一氧化氮合酶；ARG：精氨酸酶；A：GAT：L-精氨酸：甘氨酸脒基转移酶；P5CR：吡咯啉-5-羧酸还原酶；OAT：鸟氨酸转氨酶；GAMT：胍基乙酸 N-甲基转移酶；Gln 合成酶：谷氨酰胺合成酶；NH：NH 酮戊二酸

>> 一、精氨酸的生理功能

1. 精氨酸的营养作用 精氨酸是动物机体内携带氨最多和尿素循环过程中最关键的一种氨基酸。动物代谢会产生大量的氨，精氨酸可促进尿素循环，使血氨转换为尿素排出，维持体内氮的平衡，促进氮沉积，有利于蛋白质的合成。相关研究也表明，日粮中添加适量的氨基酸，能够平衡日粮氨基酸平衡，降低日粮蛋白水平，提高饲料系数。精氨酸是促进小肠修复的营养辅助物质，即可以通过氧化脱亚氨酸途径生成 NO，又能够通过精氨酸酶途径生成鸟氨酸和多胺，而多胺能够促使胶原质的积聚，促进血管的发育。尤其是某些病理情况下，精氨酸的需要量明显增加，以补充精氨酸对机体的血液动力学、免疫系统、内分泌系统发挥作用的消耗。精氨酸不仅是机体蛋白质的组成成分，而且还是多种生物活性物质的合成前体，如多胺和 NO 等，通过刺激部分激素分泌，参与内分泌调节和机体特异性免疫调节等生物学过程。精氨酸及其代谢产物在动物体内起着十分重要的生物学功能。

2. 精氨酸促进脂肪的降解 研究表明，精氨酸在控制肥胖、减少脂肪蓄积方面有着很大作用。研究人员以肥胖小鼠为模型，在其饮用水中添加 1.51% 的精氨酸，发现 12 周后小鼠腹膜后脂肪、肾周脂肪、皮下脂肪和肠系膜脂肪等降低 20%～40%。在猪日粮中添加 1.0% 的精氨酸，可调节骨骼肌和白色脂肪组织的脂肪代谢相关基因的表达，促进脂肪组织中的脂肪分解。进一步的研究发现，精氨酸处理可通过激活 AMPK 通路而增强糖原和脂肪的降解、减少脂类和糖类物质的合成，减少脂肪细胞的大小、提高胰岛素敏感性而降低胞质中葡萄糖、甘油三酯和瘦素的浓度。精氨酸产生的 NO 可以增加激素敏感脂酶的磷酸化，使其转位至中性脂肪粒，从而激活脂肪降解。

3. 精氨酸抗肿瘤作用 研究发现，肿瘤细胞的代谢变化不同于正常细胞，肿瘤细胞脱离原发肿瘤组织，随淋巴管、血管或直接迁移至身体其他组织形成新的肿瘤转移灶，在此过程中，细胞间黏附分子和血管细胞黏附分子与恶性肿瘤的复发、转移密切相关。而精氨酸作为 NO 合成的前体，可以抑制基质金属蛋白酶、抑制细胞黏附分子和提高基质金属蛋白酶组织抑制物的表达，从而阻止细胞黏附。目前，对于精氨酸是否可以用于临床抗肿瘤药物还存在争议，但精氨酸的抗肿瘤效果还是被广泛认可的。国外相关研究表明，精氨酸的抗肿瘤作用和肿瘤免疫原性有着很大的关联，精氨酸可以降低肿瘤生长速度，提高小鼠的免疫力。

4. 精氨酸增强机体免疫力 精氨酸主要是通过"精氨酸酶"途径和"NO"途径这2条代谢途径及调节内分泌来调节机体免疫。精氨酸在精氨酸酶的作用下，促进机体蛋白质的合成，改善机体内的氮平衡，从而提高机体免疫功能。精氨酸通过 NOS 催化生成 NO，引起组织血管的扩张，维持血流通畅并能调控机体免疫反应。此外，精氨酸还可以增加胸腺质量和胸腺淋巴数，显著提高 T 淋巴细胞对有丝分裂的反应性，从而刺激 T 淋巴细胞的增殖，增强巨噬细胞的吞噬能力。研究人员在团头鲂日粮中添加精氨酸发现，随着添加水平的升高，团头鲂红细胞和白细胞数目显著升高，血红蛋白含量也显著增加。这说明精氨酸通过提高红细胞数目来增加机体免疫力。Ren 等报道，在小鼠日粮中补充精氨酸，能够改善其肠道菌群结构，并通过不同的信号通路活化肠道的先天性免疫。在研究精氨酸对伤口治疗的影响时发现，大鼠和小鼠背部受伤后，精氨酸提高了胸腺重量，精氨酸能促进伤口周围的微循环，从而促使伤口早日痊愈。此外，精氨酸还能激活阻遏蛋白酶 C 和 NF - κB，防止免疫细胞聚集，抑制炎症因子，增强机体免疫力。因此，添加适量水平的精氨酸，能从细胞水平、分子水平提高机体免疫力。研究人员在肉鸡接种传染性法氏囊病病毒（IBDV）后，给其补充不同水平的精氨酸。结果发现，IBDV 诱导的免疫抑制得到了缓解，原因可能是精氨酸调节循环 T 细胞亚群，进而发挥作用。

5. 精氨酸的抗氧化作用 精氨酸可以通过提高血浆或组织细胞中的超氧化物歧化酶（Superoxide dismutase，SOD）活力、过氧化氢酶（Catalase，CAT）的活力，增加 GSH 的含量等方式，来增强机体的抗氧化能力。胡雅迪探讨了日粮精氨酸的添加对肉鸡抗氧化能力调节作用，结果发现，随着日粮精氨酸水平的添加，肉鸡肝脏中 GSH 活力、CAT 活力呈线性增加且差异显著。吴俊光等研究饲料中不同水平精氨酸对杂交鲟幼鱼抗氧化能力的影响，2.64%、2.93%的精氨酸水平显著提高了杂交鲟幼鱼肠道中 SOD 活力和 GSH 含量，并显著降低了中肠中 MDA 含量。张莉莉等人研究了精氨酸对子宫内发育迟缓（IUGR）仔猪抗氧化功能的影响，在其人工乳中添加 6 mg/L 的精氨酸，发现在早期断奶 IUGR 仔猪日粮中添加精氨酸具有增强 IUGR 仔猪抗氧化功能。吴琛等在基础饲粮中外源添加 0.83%的 L-精氨酸，研究了精氨酸对环江香猪抗氧化功能的影响，发现 CAT 活性显著提高，MDA 含量显著降低，饲料中添加精氨酸能够增强机体抗氧化能力。范秋丽等人研究了精氨酸水平对清远麻鸡抗氧化能力的影响，随着精氨酸水平的升高，血浆和空肠黏膜总超氧化物歧化酶（Total superoxide dismutase，T-SOD）活性、血浆总抗氧化力（Total antioxidant capacity，T-AOC）能力逐渐升高，MDA 含量逐渐下降。

6. 精氨酸调节内分泌激素　精氨酸可以刺激胰腺、肾上腺、丘脑等部位产生激素，精氨酸对催乳素和生长激素的调节是很关键的。动物通过生长激素和类胰岛素生长因子Ⅰ轴（IGF-Ⅰ）调节蛋白质和氨基酸代谢。精氨酸刺激生长激素释放，可由其直接作用或通过其代谢物起作用。精氨酸在脑中可代谢成鸟氨酸，进而生成谷氨酸，这两种氨基酸均可促进生长激素释放。另外，NOS 存在于下丘脑和垂体区域中，NO 对生长激素释放有促进作用。精氨酸可刺激人和其他哺乳动物（包括牛、羊和猪）的胰岛素释放。

≫ 二、精氨酸在水产饲料中的应用

1. 饲粮中添加精氨酸对水产动物生长性能的影响　精氨酸可通过促进多种内分泌激素（如生长激素等）的释放，促进蛋白质的合成，进而间接促进动物生长。廖英杰等在团头鲂幼鱼饲料中添加不同水平的精氨酸，发现精氨酸水平显著增加团头鲂幼鱼增重率，精氨酸添加水平在 1.81% 效果最好。赵红霞等研究也表明，在试验周期内，随着饲粮精氨酸水平的增加，2.64% 组和 2.81% 组黄颡鱼（*Pelteobagrus fulvidraco*）幼鱼的增重率显著升高，饲料系数也显著降低。王际英等配制精氨酸含量为 0.32%、0.73%、1.16%、1.61% 和 1.99% 的 5 种试验饲料，研究精氨酸对仿刺参（*Apostichopus japonicus*）幼参生长等影响。结果发现，精氨酸显著提高了仿刺参的增重率、特定生长率和蛋白质效率，且在 1.61% 组达到最高。陈启明研究结果也表明，饲料中精氨酸水平对黄颡鱼增重率、特定生长率、蛋白质效率和饲料系数有着显著影响。随着饲料中精氨酸水平的增加，黄颡鱼增重率、特定生长率和蛋白质效率呈先升后降，饲料系数呈先降后升的趋势，且均在 2.64% 组分别达到最大值和最小值。迟淑艳等、陈娇娇和高中月等的试验结果也得到了相似的结果，这表明饲料中添加适量的精氨酸，有利于提高水产动物的生长性能。部分水产动物精氨酸需求量见表1-2。

表1-2 鱼类精氨酸的需求量

鱼 类	需求量（%）	资料来源
尖吻鲈（*Lates calcarifer*）	3.8	Murillo-Gurres et al.，2001
海鲈（*Dicentrarchus labax*）	3.9	Tibaldi et al.，1994
美国红鱼（*Sciaenops ocellatus*）	5.0	Barziza et al.，2000
黄鲈（*Diploprion bifasciatum*）	4.88	Twibell and Brown，1997
银鲈（*Bidyanus bidyanus*）	6.8	Silva D，1999
牙鲆（*Paralichthysolivaceus*）	4.08	Alam et al.，2002
斑点叉尾鮰（*Ictalurus punetaus*）	4.2	Buentello and Gatlin，2000
卵形鲳鲹（*Trachinotus ovatus*）	6.32~6.35	Lin et al.，2015
黄颡鱼（*Pelteobagrus fulvidraco*）	5.29	Zhou et al.，2015
异育银鲫（*Carassius auratus gibelio*）	4.2	Tu et al.，2015
黑鲷（*Sparus macrocephalus*）	7.74	Zhou et al.，2010
青石斑鱼（*Epinephelus awoam*）	6.5	Zhou et al.，2012

2. 饲料中添加精氨酸对水产动物肠道形态结构的影响 肠道健康是目前研究的重要方向和热点。关于精氨酸对畜禽动物肠道方面的研究已有很多报道，而关于精氨酸对水产动物肠道方面的研究则相对较少。目前，研究主要是在精氨酸对于鱼类肠道形态结构方面的影响上。当然，最新的研究也开始关注精氨酸对肠道免疫因子及相关信号通路的影响。Jiang 等研究发现，精氨酸可以通过下调鲤肠道 TLR4、Myd88、NF-κB p65 和 MAPK p38 的 mRNA 表达量，来抑制 TLR4-Myd88 信号通路的过度激活，从而防止 TNF-α、IL-1β 和 IL-6 的增加，减轻脂多糖诱导的肠炎，保护肠道。Cheng 等通过研究发现，精氨酸对杂交条纹鲈前、中和后肠皱襞高度和绒毛高度有显著的提高作用。由此可见，精氨酸可以保护肠道形态结构，促进消化吸收，防止病原入侵。陈启明研究结果也表明，饲料中精氨酸水平的增加可以有效提高黄颡鱼肠道肌层厚度和皱襞高度，很好地证明了精氨酸在水产动物肠道形态结构方面发挥的重要作用。

3. 饲料中添加精氨酸对水产动物消化酶活性的影响 消化酶是生物体内

催化各种生化反应的一类特殊蛋白质，主要作用是消化和分解生物体从外界所摄取的食物，为其生长和发育提供所需的各种营养物质。王际英等的研究发现，饲料精氨酸水平可以显著影响仿刺参蛋白酶的活性，但对脂肪酶和淀粉酶活性无显著影响。Chen 等的研究表明，精氨酸可以显著提高建鲤蛋白酶和脂肪酶的活性，但对淀粉酶无显著影响。王连生等试验证明，饲料中添加精氨酸显著提高杂交鲟前肠蛋白酶和淀粉酶活性。赵红霞研究结果也表明，饲料中适宜水平的精氨酸显著提高了黄颡鱼幼鱼胃蛋白酶、脂肪酶和淀粉酶活性及肝脏淀粉酶活性。精氨酸对不同鱼类消化酶活性的影响不尽相同，影响鱼类消化酶活性的因素有很多，如食性、生长阶段、理化因子（如水温、pH、盐度等）、营养与饲料（饲料原料来源、饲料添加剂等）等。但陈启明研究结果与之不符，饲料精氨酸水平对黄颡鱼肠道蛋白酶、脂肪酶和淀粉酶活性无显著影响，但是有升高蛋白酶和淀粉酶活性的趋势，原因可能是黄颡鱼属于杂食性偏肉食性的鱼类，其肠道脂肪酶活性相对较高，饲料中一定量的精氨酸并不能影响其脂肪酶活性，而对原本活性较低的蛋白酶和淀粉酶活性有较好的提高作用。

4. 饲料中添加精氨酸对水产动物免疫的影响　研究发现，精氨酸及其代谢产物在水产动物免疫调节、免疫防御等方面发挥着重要的作用。很多研究都显示，饲料中添加精氨酸，可以通过提高水产动物血清溶菌酶和 NOS 活性，增加 NO 含量等增强机体免疫。也有学者对此开展了基因水平的研究，Chen 等研究发现，精氨酸可以通过调节炎症因子以及 TOR 和 4E - BP 的 mRNA 表达量提高建鲤的免疫和抗病力。Wang 等的研究则表明，精氨酸可以提高草鱼鳃组织 Nrf2 的 mRNA 表达量，增强鱼体的免疫抗氧化能力。石丹等总结前人的研究结果得出，精氨酸能提高鱼鳃组织的黏膜物理屏障功能；提高吞噬细胞吞噬能力和杀菌活性，提高抗菌物质杀菌活性，增强鱼类非特异性免疫功能；促进 T 淋巴细胞分泌免疫球蛋白，提高 T 淋巴细胞活性，增强鱼类特异性免疫功能；抑制 TLR4 和 MAPK 通路，上调抗炎因子的表达，下调促炎因子的表达，发挥抗炎作用，保护鱼体免受免疫应答的自我损伤。

5. 饲料中添加精氨酸对水产动物抗氧化性能的影响　机体在正常代谢时会产生大量的氧化自由基，这些自由基会对机体产生损伤，诱发多种慢性疾病，但机体自身也存在抗氧化酶防御系统，维持氧化自由基产生和清除。抗氧化酶防御系统主要包括 SOD、CAT 和 GSH 等，机体组织损伤程度就是自由基与抗氧化保护防御平衡的结果。SOD 和 CAT 是衡量机体抗氧化能力的重要指标，MDA 是脂质过氧化作用的分解产物，可以间接反映细胞损伤程度。吴俊光等研究结果表明，饲料中精氨酸水平为 2.64% 时，黄颡鱼血清 GSH - Px 和 CAT 活性得到显著提高，适宜水平的精氨酸能够有效增强黄颡鱼鱼体的抗氧自由基能力。该结果与 Wang 等在草鱼上的研究结果一致。精氨酸可以显著降低黄颡鱼血清 MDA 含量，有效缓解体内细胞因过氧化而损伤的程度。强俊等研究报道，鱼类通过增加代谢来应对环境胁迫，氧自由基的产生也随之增加。SOD 与 CAT 活性的增加，可视为生物体对新陈代谢的适应，以减轻脂质过氧化损伤。研究表明，饲料中精氨酸水平对大菱鲆和石斑鱼血清 SOD 活性无显著影响。Buentello 等的研究则表明，饲料中精氨酸水平能显著提高斑点叉尾鮰 SOD 活性。精氨酸对鱼体抗氧化能力的影响，可能与饲料组成、精氨酸水平、物种间差异、养殖条件等有关。

综上所述，饲料中适宜的精氨酸水平可以改善水产动物的生长性能，提高水产动物肠道蛋白酶和淀粉酶活性，增加皱襞高度和肌层厚度，改善肠道功能指标，改善黄颡鱼免疫指标，降低各促炎因子水平，升高抗氧化相关酶活性，增加抗氧化能力。鉴于精氨酸在水产动物上的有益作用，有望将精氨酸作为饲料添加剂应用于水产动物配合饲料中，但对其适应条件、添加水平、分子作用机制及其与其他营养元素之间的关系还需进一步探究。

第三节　谷氨酰胺的生理功能及应用

谷氨酰胺（Glutamine，Gln）是构成蛋白质的基本氨基酸之一。谷氨酰胺可通过一系列途径增强机体抵抗氧化效应的能力，作为能源物质氧化，通过谷氨酰胺的氧化，可消除细胞的一些强氧化性物质，保护了细胞内另外一些重要组分免受氧化性损害；对维持小肠绒毛形态和功能具有重要作用，正常状况下，动物体自身合成能满足自身的生理需要，但在应激、疾病等状态下，机体的需求大大超过了自身的合成量，导致体内水平的降低，需通过外源添加。谷氨酰胺在肿瘤细胞中的代谢过程如图 1 - 14 所示。

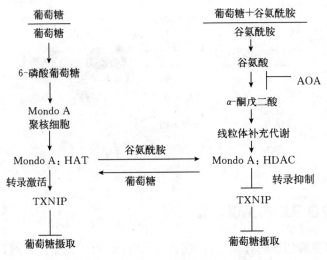

图 1-14　谷氨酰胺在肿瘤细胞中的代谢过程

(引自刘经纬，2015)

AOA：乙酸叔丁酯；Mondo A：一种葡萄糖敏感的转录因子；HAT：组蛋白乙酰

化转移酶；HDAC：组蛋白去乙酰化酶；TXNIP：葡萄糖摄取的负调节因子

谷氨酰胺又称 4-氨基 4-羧基-丁酰胺，是构成蛋白质的基本氨基酸之一。谷酰胺相对分子质量为 146.15，分解温度为 185 ℃。白色结晶或晶体类粉末，能溶于水，不溶于甲醇、乙醇、醚、苯、丙酮、氯仿和乙酸乙酯，无臭，稍有甜味。在中性溶液中不稳定，在热水中容易分解。正常情况下，动物机体可以利用谷氨酸、自由的氨、酮戊二酸及其他支链氨基酸代谢的氨基氮合成谷氨酰胺，以

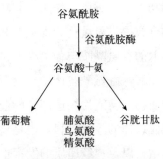

图 1-15　谷氨酰胺的代谢途径

(引自刘庄鹏，2015)

满足自身需要：支链氨基酸在脱氨酶作用下将氨基转移到酮戊二酸，生成谷氨酸，谷氨酸与氨在谷氨酰胺合成酶作用下进一步反应生成谷氨酰胺。谷氨酰胺在体内分解代谢有两种途径，如图 1-15 所示：一种是通过形成酮戊二酸进入三羧酸循环，为细胞分裂增殖供能；另一种是谷氨酰胺的氨基集团和碳链可以用来合成嘌呤、嘧啶、氨基酸以及其他活性物质。谷氨酸的转运过程如图 1-16 所示。

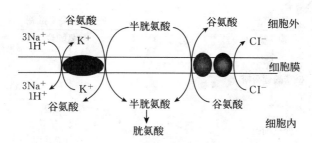

图 1-16　谷氨酸的转运过程

（引自王秋菊，2011）

》 一、谷氨酰胺的生理功能

1. 谷氨酰胺的营养作用　谷氨酰胺因其独特的生理作用，逐渐成为营养、生理学、免疫学的研究重点和热点，其对细胞和组织培养以及维持动物和人正常生理功能有着重要作用。大量证据证明，谷氨酰胺是一种"条件性必需氨基酸"，在体内合成不足时，需从外界摄取，以维持谷氨酰胺含量的稳定。谷氨酰胺广泛存在于动物血液中，含量极其丰富。谷氨酰胺在维持小肠代谢、结构和功能上起重要的作用。其功能如下：为肠道提供能源运转能源；为核酸的生物合成提供氨氮；为加强肝和肾的代谢处理来自其他组织的氮和碳。小肠细胞摄取的谷氨酰胺与葡萄糖的摄入率相同，而对肠上皮细胞和结肠上皮细胞的氧化而言，谷氨酰胺比葡萄糖更为重要。谷氨酰胺既能作为肠黏膜细胞能量代谢的底物，又能为快速周转的蛋白质和核酸提供原料。谷氨酰胺是快速繁殖细胞优先选择的呼吸燃料，也是核酸、核苷酸、氨基糖和蛋白质的重要前体，对肌肉增长以及神经递质的发育也起到一定的促进作用。同时，作为机体内氨基酸转化的枢纽，谷氨酰胺向氨基酸转化为机体的正常新陈代谢、正常的生长发育提供了必要的物质基础。

2. 谷氨酰胺对肠道健康的影响　谷氨酰胺作为一种不可缺少的营养元素参与肠黏膜细胞的代谢过程，并参与保证其上皮组织的完整性，其在肠道中的代谢途径如图 1-17 所示。当机体受到外界环境的影响，如各种类型的感染、意外伤害、疲劳过度等其他应激状态下，在肠上皮细胞的谷氨酰胺会在短期内消耗殆尽。当机体肠道处于饥饿的刺激下，或肠道的谷氨酰胺含量低时，肠黏膜则要开始收缩，附着的肠绒毛由长变短、变得越来越稀少甚至脱落，隐窝变

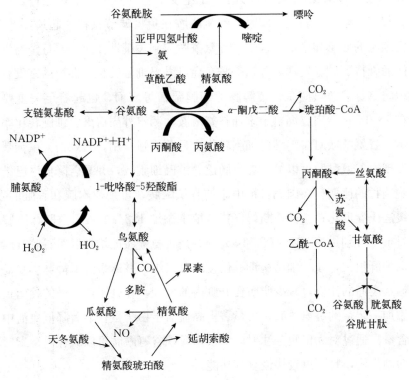

图 1-17　谷氨酰胺在肠道中的代谢途径

（引自李雪，2016）

琥珀酸-CoA：琥珀酸辅酶 A；NADP$^+$：尼克酰胺腺嘌呤二核苷酸磷酸（辅酶Ⅱ）

浅，由此会增加黏膜表面的通透性，损伤肠道的免疫功能。经研究表明，通过向肠道内添加外源的谷氨酰胺，能有效地保障肠道黏膜的稳定性，维持肠道黏膜重量的恒定，使肠道细胞的活性显著提高，改善肠道免疫功能，使肠道内细菌及内毒素的易位现象显著降低。研究表明，谷氨酰胺能促进肠道发育，并且对肠道损伤起到修复作用；研究人员发现，摄入谷氨酰胺，可以减少大鼠肠道穿孔发生的概率，并显著增加肠道绒毛高度以及绒毛细胞有丝分裂的相对数量；谷氨酰胺对缺血造成的肠绒毛脱落起到一定的缓解作用，有效修复黏膜缺血性损伤；但也有研究表示，在断奶仔猪饲料中添加谷氨酰胺晶体未能促进肠道发育，没有改善肠道绒毛高度，但提高了仔猪饲料效率；在虹鳟的试验中也发现了这一情况，可能是由于添加谷氨酰胺晶体在制粒过程中分解产生有毒的焦谷氨酸和氨引起的。

3. 谷氨酰胺对免疫能力的影响 在免疫细胞的分裂和增殖进程之中，谷氨酰胺起到正调控的功能。同时，谷氨酰胺在免疫调节过程中起到关键作用，在淋巴细胞的分泌和增殖过程中，谷氨酰胺起到关键性作用，并且参与淋巴细胞功能的维持。试验发现，谷氨酰胺在促进淋巴细胞转化、促进器官发育、加强组织防御、缓解热应激、缓解肠道细胞凋亡等方面，也起着至关重要的作用。在7～14日龄肉鸡饲料中添加谷氨酰胺，测定外周血淋巴细胞转化率，结果显示，谷氨酰胺对雏鸡淋巴细胞转化有显著增强作用。对烧伤大鼠饲喂谷氨酰胺发现，谷氨酰胺可以显著提高肠道总淋巴细胞数，并显著降低淋巴结中淋巴细胞凋亡的比例。在肉鸡日粮中添加谷氨酰胺，可加快胸腺和脾脏的发育，并延缓法氏囊退化；同样，断奶仔猪日粮中添加 1.2% 的谷氨酰胺，胸腺和脾脏相对重量分别提高 164.27% 和 35.85%。谷氨酰胺能增加肝脏谷胱甘肽的合成，保护肝组织，减少细菌病毒移位侵犯肝组织，并通过降低静脉中胰岛素与高血糖素之间的比例，减少脂肪在肝脏内的堆积。在处于热应激的岭南黄鸡日粮中添加一定量的谷氨酰胺，可显著提高血清蛋白含量，显著降低血清中尿素氮的含量。通过对大鼠腹腔注射内毒素，发现谷氨酰胺可以减轻内毒素对其表达的抑制作用，且可以较快恢复其功能。

4. 谷氨酰胺对抗氧化能力的影响 谷氨酰胺还可通过一系列途径增强机体抗氧化应激能力：①作为能源物质氧化，通过谷氨酰胺的氧化，可消除细胞的一些强氧化性物质，实际上保护了细胞内另外一些重要组分免受氧化性损害。②参与凋亡酶的调节，谷氨酰胺可能参与 MAP 激酶的活性调节。该酶被称为调节凋亡信号的激酶，过度表达会引起细胞凋亡。因此，谷氨酰胺是一种凋亡抑制剂，有助于阻止细胞内外刺激诱导的细胞凋亡，作为谷胱甘肽的前体物质，减轻氧化压力。谷胱甘肽（GSH）和超氧化物歧化酶（SOD）是机体抗氧化作用、清除自由基的重要物质。以大长白母猪为研究对象，在其日粮中添加 1.2% 的谷氨酰胺，研究其对早期断奶仔猪抗氧化能力的影响。结果发现，日粮中添加谷氨酰胺，可以缓解由于早期断奶引起的血浆水平的降低，并对维持体内还原型谷胱甘肽起重要作用，说明谷氨酰胺增强了机体的抗氧化能力。张军民等研究发现，谷氨酰胺能缓解因饲喂生大豆而造成的仔猪肠道的损伤，并能明显增加血液还原型谷胱甘肽含量，呈剂量依赖性。此外，谷氨酰胺能降低肝脏、十二指肠组织中 γ-谷氨酰转肽酶活性。因此，谷氨酰胺可以加

强动物机体的抗氧化能力。张杰研究结果也表明，饲料中谷氨酰胺的添加量为
0.1%时，可以显著提高黄颡鱼幼鱼肝脏中 CAT、GSH - Px 及肌肉中 SOD、
GSH - Px 的活性，这与谷氨酰胺在泥鳅（*Misgurnus anguillicaudatus*）、鲤、
半滑舌鳎（*Cynoglossus semilaevis*）和杂交鲟等水产动物上的研究结果一致。

》 二、谷氨酰胺在水产饲料中的应用

1. 谷氨酰胺对水产动物生长性能的影响　谷氨酰胺促进动物生长的可能
原因有以下几方面：谷氨酰胺为细胞内核苷酸的合成提供氮源，促进体内
DNA 的合成；在组织细胞培养中，谷氨酰胺是必须添加的氨基酸，谷氨酰胺
的添加量与细胞增殖量在一定程度内正相关；谷氨酰胺通过转氨基作用调节体
内氨基酸的代谢，促进肌肉蛋白质的合成和转运；研究人员发现，谷氨酸胺可
以明显增加大鼠血清胰岛素生长因子水平刺激动物生长，而胰岛素生长因子是
一类多功能细胞增殖调控因子，在细胞分化、增殖及个体发育中具有关键的促
进作用。杨奇慧等在杂交罗非鱼中的试验表明，谷氨酰胺添加量从 0.2%上升
到 0.8%时，杂交罗非鱼的增重率和特定生长率呈上升趋势；林燕等在鲤饲料
中添加谷氨酰胺，含量从 0 提高到 0.2%时，极显著提高了幼鲤的增重率。刘
庄鹏发现，饲料中添加谷氨酰胺，能显著提高草鱼幼鱼终末体重、增重率和特
定生长率，并随其浓度的增加而升高，但过量添加时，均表现出下降的趋势，
但差异不显著。李源研究也表明，当饲料中谷氨酰胺添加量从 0.2%上升到
1.6%时，泥鳅的增重率和特定生长率呈上升趋势，且显著高于对照组；饲料
系数显著低于对照组；说明泥鳅饲料中添加谷氨酰胺，有明显的促生长作用。

2. 谷氨酰胺对水产动物肠道健康的影响　动物肠道是利用谷氨酰胺最多
的器官，且谷氨酰胺是肠道主要的能源物质。谷氨酰胺能显著增加肠道蛋白质
的合成代谢，促进动物肠上皮分化增殖。绒毛高度是反映水生动物肠道生长发
育和吸收能力的重要标识，谷氨酰胺可促进鲤肠道生长，提高绒毛高度；叶沙
舟等研究发现，饲料中添加谷氨酰胺后，促进了黄颡鱼肠道绒毛的发育，绒毛
高度与皱褶深度有所增加。Lin 等发现，饲料中添加谷氨酰胺，可以增加建鲤
幼鱼体增重、摄食量、肠道重量、肠绒毛高度、碱性磷酸酶和钠钾 ATP 酶活
性。李源研究结果发现，泥鳅前肠与中肠绒毛高度及前肠绒毛密度随着谷氨酰
胺添加量的增加而极显著升高。宋芳杰也发现，饲料中添加谷氨酰胺，能够显

著增加镜鲤中肠褶壁高度，改善肠道发育情况。但在虹鳟的试验中发现，日粮中添加谷氨酰胺，并未改善其肠道健康状况。

3. 谷氨酰胺对水产动物消化酶活性的影响 鱼体利用营养物质的能力依赖于消化酶，消化酶活力的高低可直接反映其对营养物质的吸收利用。不同鱼类的消化酶活力不同，各有差异，主要取决于鱼类的食性及生活习性。内部或外部条件的改变，会使其消化酶活力发生变化，并直接或间接影响鱼类对饲料中营养物质的吸收利用。谷氨酰胺是氨基酸、蛋白质等生物分子合成的重要前体，同时，也是快速分裂、增殖细胞的主要能源物质。刘庄鹏研究发现，谷氨酰胺的添加，能使草鱼幼鱼前肠脂肪酶和膜蛋白酶显著高于对照组和其余各组，这与 Lin 和林燕在建鲤幼鱼的研究类似。高进等的研究表明，谷氨酰胺对大黄鱼稚鱼消化酶影响不显著；李晋南在松浦镜鲤的研究表明，谷氨酰胺能显著提高其肠道淀粉消化酶活力。

4. 谷氨酰胺对水产动物抗氧化能力的影响 鱼类组织中含有大量多不饱和脂肪酸，极易受到氧自由基攻击，诱发一系列的疾病。由于不停暴露在氧化应激中，促使细胞和整个机体形成了一套抗氧化的防御机制。研究发现，日粮中添加谷氨酰胺能显著增强猪、鸡、兔、大鼠等陆生动物的抗氧化能力。在水产动物方面，通过对鲤肠上皮细胞进行体外培养，用过氧化氢诱导鲤肠上皮细胞发生氧化损伤发现，谷氨酰胺可以维护鲤肠上皮细胞结构的完整性，保持了细胞正常的分化能力和吸收功能。谷氨酰胺对机体抗氧化能力的影响，主要是通过 GSH（一种重要的低分子抗氧化剂）增加含量，在氧化应激时保护细胞的正常结构和功能。外源性的谷氨酰胺能够增加肝脏内谷胱甘肽的合成，提高抗氧化应激能力，保护肝组织，并提高肠道的能量供应和抗感染能力，减少细菌和内毒素移位对机体的影响。张杰研究结果也表明，饲料中谷氨酰胺的添加量为 0.1%时，可以显著提高黄颡鱼幼鱼肝脏中 CAT、GSH - Px 及肌肉中 SOD、GSH - Px 的活性，这与谷氨酰胺在泥鳅、鲤、半滑舌鳎和杂交鲟等水产动物上的研究结果一致。

5. 谷氨酰胺对水产动物免疫功能的影响 谷氨酰胺不仅是活细胞新陈代谢的燃料之一，而且是核苷酸等生物合成的前体。因此，谷氨酰胺对细胞的增殖具有重要的作用。Rosenberg - Wiser 等研究表明，在鲤白细胞与植物血凝素（Phytohemagglutinin，PHA）的反应中，谷氨酰胺可促进白细胞的增殖。

饲料中补充谷氨酰胺，可显著升高中华鳖 CD4＋/CD8＋和 T 淋巴细胞转化率，表明谷氨酰胺可增强中华鳖的细胞免疫功能。添加谷氨酰胺，影响外周血中各种白细胞的数量和白细胞的总量。这可能是与谷氨酰胺可为嘧啶和嘌呤提供氮源，能促进细胞分裂相关。研究表明，谷氨酰胺可提高建鲤红细胞数量和白细胞吞噬率，增强细胞吞噬能力和机体非特异免疫防御机能。谷氨酰胺能够显著影响水产动物攻毒成活率，随着饲粮中谷氨酰胺添加量的提高，水产动物攻毒成活率提高了 22％～31％。饲粮中添加谷氨酰胺能够提高罗非鱼和建鲤头肾和脾脏体指数。因此，促进免疫器官生长发育，可能是谷氨酰胺增强水产动物免疫防御机能的原因之一。谷氨酰胺可显著提高日本囊对虾（*Penaeus japonicus*）和建鲤血清溶菌酶活力，增强其杀菌和抗感染能力。谷氨酰胺可促进水产动物免疫器官生长发育，改善肠黏膜免疫屏障功能，增强机体免疫机能和抗病力；提高水产动物肠上皮细胞的抗氧化能力，促进细胞蛋白质合成和增殖分化，改善肠黏膜形态结构；抑制前炎症因子分泌，降低皮质醇水平，缓解水产动物的免疫应激反应。

综上所述，饲料中适宜的谷氨酰胺水平可以改善水产动物的生长性能，提高水产动物肠道蛋白酶和淀粉酶活性，增加皱襞高度和肌层厚度，改善肠道功能指标，改善免疫指标，降低各促炎因子水平，升高抗氧化相关酶活性，增加起抗氧化能力。鉴于精氨酸在水产动物上的有益作用，有望将谷氨酰胺作为饲料添加剂应用于水产动物配合饲料中，但对其适应条件、添加水平、分子作用机制及其与其他营养元素之间的关系还需进一步探究。

⟳ 参考文献

陈迪，王连生，徐奇友，2015. α-酮戊二酸对杂交鲟肠道形态、消化酶活力和抗氧化能力的影响 [J]. 大连海洋大学学报，30（4）：363-368.

陈瑾，2008. 谷氨酰胺对鲤鱼肠上皮细胞抗氧化能力的影响 [D]. 成都：四川农业大学.

窦秀丽，梁萌青，郑珂珂，等，2014. 鲈鱼（*Lateolabrax japonicus*）生长后期对苏氨酸需要量 [J]. 渔业科学进展，35（6）：45-52.

杜宗君，刘扬，姜俊，2011. 谷氨酰胺与水产动物免疫防御机能的关系 [J]. 水产科学，30（12）：794-796.

高进, 艾庆辉, 麦康森, 2010. 微颗粒饲料中添加谷氨酰胺对大黄鱼稚鱼生长、存活及消化酶活力的影响 [J]. 中国海洋大学学报（自然科学版）, 40 (S1): 49 - 54.

葛红云, 丁建华, 张伟, 等, 2010. 半胱胺盐酸盐在大口黑鲈饲料中的应用及耐受性评价 [J]. 水生生物学报 (6): 1142 - 1149.

韩杰, 于宁, 2007. 半胱胺对鲤鱼生长及血液生化指标的影响 [J]. 粮食与饲料工业 (10): 36 - 37.

何志刚, 艾庆辉, 麦康森, 等, 2012. 鲈幼鱼对饲料中苏氨酸的需要量 [J]. 水产学报, 36 (1): 124 - 131.

计成, 白秀梅, 2011. 精氨酸的抗热应激作用及在母猪上的应用 [J]. 饲料工业, 32 (12): 1 - 4.

李丛艳, 郭志强, 杨奉珠, 2011. 谷氨酰胺对动物免疫功能的影响及调节机制 [J]. 中国饲料 (15): 14 - 18.

李晋南, 徐奇友, 王常安, 等, 2014. 谷氨酰胺及其前体物对松浦镜鲤肠道消化酶活性及肠道形态的影响 [J]. 动物营养学报, 26 (5): 1347 - 1352.

李雪, 王小城, 熊霞, 等, 2016. 谷氨酰胺对断奶仔猪肠黏膜更新的影响及其机制 [J]. 动物营养学报, 28 (12): 3729 - 3734.

李源, 2013. 谷氨酰胺对泥鳅生长和非特异性免疫的影响 [D]. 成都: 四川农业大学.

廖英杰, 刘波, 任鸣春, 等, 2014. 精氨酸对团头鲂幼鱼生长、血清游离精氨酸和赖氨酸、血液生化及免疫指标的影响 [J]. 中国水产科学, 21 (3): 549 - 559.

林燕, 2005. 谷氨酰胺对幼建鲤肠道功能和免疫力的影响 [D]. 成都: 四川农业大学.

刘经纬, 2015. 饲料中谷氨酰胺和核苷酸对半滑舌鳎稚鱼生长、消化酶活力、抗氧化酶活力及基因表达的影响 [D]. 青岛: 中国海洋大学.

刘庄鹏, 2015. 谷氨酰胺、谷氨酰胺二肽对草鱼幼鱼生长及生理生化指标的影响 [D]. 长沙: 湖南农业大学.

马爽, 王家庆, 王虹玲, 等, 2014. 谷氨酰胺的生理作用及应用 [J]. 安徽农业科学, 42 (26): 9172 - 9173.

麦康森, 何志刚, 艾庆辉, 2008. 鱼类苏氨酸营养生理研究进展 [J]. 中国海洋大学学报（自然科学版）, 38 (2): 195 - 200.

潘孝毅, 张琴, 李俊, 等, 2017. 饲料中添加甘氨酸可提高大黄鱼（*Larimichthys crocea*）的抗氧化和抗应激能力 [J]. 渔业科学进展, 38 (2): 91 - 98.

齐国山, 2012. 饲料中牛磺酸、蛋氨酸、胱氨酸、丝氨酸和半胱胺对大菱鲆生长性能及牛磺酸合成代谢的影响 [D]. 青岛: 中国海洋大学.

宋芳杰，2016. 谷氨酰胺及其前体物对松浦镜鲤生长性能、免疫和肠道发育的影响
[D]. 南京：南京农业大学．

孙崇岩，帅柯，冯琳，等，2009. 蛋氨酸对幼建鲤疾病抵抗能力及免疫应答的影响
[J]. 动物营养学报（4）：506-512.

唐炳荣，2012. 蛋氨酸对生长中期草鱼消化吸收能力和抗氧化能力影响的研究 [D]. 成
都：四川农业大学．

田芊芊，胡毅，毛盼，等，2016. 低鱼粉饲料中添加牛磺酸对青鱼幼鱼生长、肠道修复
及抗急性拥挤胁迫的影响 [J]. 水产学报，40（9）：1330-1339.

万军利，麦康森，艾庆辉，2006. 鱼类精氨酸营养生理研究进展 [J]. 中国水产科学，
13（4）：679-685.

王光花，2007. 蛋氨酸对幼建鲤肠道菌群、肠道酶活力和免疫功能的影响 [D]. 成都：
四川农业大学．

王和伟，叶继丹，陈建春，2013. 牛磺酸在鱼类营养中的作用及其在鱼类饲料中的应用
[J]. 动物营养学报（7）：1418-1428.

王连生，吴俊光，徐奇友，等，2017. 饲料中精氨酸水平对杂交鲟幼鱼肠道消化酶活性
及形态结构的影响 [J]. 大连海洋大学学报，32（1）：51-55.

王秋菊，许丽，范明哲，2011. 谷氨酸和谷氨酰胺转运系统的研究进展 [J]. 动物营养
学报，23（6）：901-907.

王香丽，2014. 蛋氨酸对瓦氏黄颡鱼幼鱼生长和代谢的影响 [D]. 青岛：中国海洋大学．

文华，高文，尚晓迪，等，2009. 草鱼幼鱼的饲料苏氨酸需要量 [J]. 中国水产科学，
16（2）：238-246.

徐奇友，王常安，许红，等，2009. 外源性谷氨酰胺对虹鳟稚鱼生长和肠道形态的影响
[J]. 中国粮油学报，24（4）：98-102.

严欣欣，2020. 精氨酸影响细胞内吞效率的机制研究及其在癌症治疗中的应用 [D]. 北
京：中国科学技术大学．

杨奇慧，周歧存，谭北平，等，2008. 谷氨酰胺对杂交罗非鱼生长、饲料利用及抗病力
的影响 [J]. 中国水产科学（6）：1016-1023.

叶均安，王冰心，孙红霞，等，2009. 谷氨酰胺二肽对日本对虾血清生化指标、肝胰腺
细胞凋亡及肠黏膜形态的影响 [J]. 海洋与湖沼，40（3）：347-352.

叶沙舟，张杰，陈海敏，等，2016. 谷氨酰胺对黄颡鱼幼鱼生长性能，肠道形态及非特
异性免疫相关基因表达的影响 [J]. 动物营养学报，28（2）：468-476.

叶元土，王永玲，蔡春芳，等，2007. 谷氨酰胺对草鱼肠道 L-亮氨酸、L-脯氨酸吸收

及肠道蛋白质合成的影响 [J]. 动物营养学报（1）：28-32.

余祖功，夏德全，吴婷婷，2005. 盐酸半胱胺和二氢吡啶对奥利亚罗非鱼生长及相关激素水平、血液生化指标的影响 [J]. 南京农业大学学报，28（4）：96-99.

赵燕，代兵，李传普，等，2007. 半胱胺对中华鳖生长性能和非特异性免疫功能的影响研究 [J]. 动物营养学报（3）：305-310.

张杰，陈海敏，周歧存，等，2016. 谷氨酰胺对黄颡鱼幼鱼抗氧化能力和非特异性免疫力的影响 [J]. 动物营养学报，28（3）：759-765.

周春燕，药力波，2018. 生物化学与分子生物学 [M]. 9 版. 北京：人民卫生出版社.

Ahmed I，Khan M A，Jafri A K，2004. Dietary threonine requirement of fingerling Indian major carp，*Cirrhinus mrigala*（Hamilton）. Aquaculture Research，35（2）：162-170.

Alami-Durante H，Bazin D，Cluzeaud M，et al.，2018. Effect of dietary methionine level on muscle growth mechanisms in juvenile rainbow trout（*Oncorhynchus mykiss*）[J]. Aquaculture，483.

Cheng Z，Buentello A，Gatlin D M，2011. Effects of dietary arginine and glutamine on growth performance，immune responses and intestinal structure of red drum，*Sciaenops ocellatus* [J]. Aquaculture，319（1）：247-252.

Coutinho F，Simões R，Monge-Ortiz R，et al.，2017. Effects of dietary methionine and taurine supplementation to low-fish meal diets on growth performance and oxidative status of European sea bass（*Dicentrarchus labrax*）juveniles [J]. Aquaculture，479：447-454.

Elmada C Z，Huang W，Jin M，et al.，2016. The effect of dietary methionine on growth，antioxidant capacity，innate immune response and disease resistance of juvenile yellow catfish（*Pelteobagrus fulvidraco*）[J]. Aquaculture Nutrition，22（6）：1163-1173.

Espe M，Zerrahn J E，Holen E，et al.，2016. Choline supplementation to low methionine diets increase phospholipids in Atlantic salmon，while taurine supplementation had no effects on phospholipid status，but improved taurine status [J]. Aquaculture Nutrition，22（4）：776-785.

Fan J，Meng Q，Guo G，et al.，2009. Effects of enteral nutrition supplemented with glutamine on intestinal mucosal immunity in burned mice [J]. Nutrition，25（2）：233-239.

Feky S S A, Sayed A F M, Ezzat A A, 2016. Dietary taurine improves reproductive performance of Nile tilapia (*Oreochromis niloticus*) broodstock [J]. Aquaculture Nutrition, 22 (2): 392 - 399.

Feng J, Wang P, Jiaojiao H E, et al., 2017. Effect of replacing fish meal with soybean protein concentrate on growth, body composition, serum biochemical indices, and liver histology of juvenile large yellow croaker (*Larimichthys crocea*) [J]. Journal of Fishery Sciences of China, 24 (2): 268 - 277.

Gaylord T G, Rawles S D, Davis K B., 2005. Dietary tryptophan requirement of hybrid striped bass (*Morone chrysops × M. saxatilis*) [J]. Aquaculture Nutrition, 11 (5): 367 - 374.

Hu K, Zhang J X, Feng L, et al., 2015. Effect of dietary glutamine on growth performance, non - specific immunity, expression of cytokine genes, phosphorylation of target of rapamycin (TOR), and anti - oxidative system in spleen and head kidney of Jian carp (*Cyprinus carpio* var. Jian) [J]. Fish Physiology and Biochemistry, 41 (3): 635 - 649.

Kelly D, Wischmeyer P E, 2003. Role of L - glutamine in critical illness: new insights [J]. Current Opinion in Clinical Nutrition & Metabolic Care, 6 (2): 217 - 222.

Kim Y S, Sasaki T, Awa M, et al., 2016. Effect of dietary taurine enhancement on growth and development in red sea bream *Pagrus major* larvae [J]. Aquaculture Research, 47 (4): 1168 - 1179.

Lall S P, Davis D A, 2015. Technology and nutrition [M]//Davis D A. Feed and feeding practices in aquaculture. Cambridge: Woodhead Publishing, 287.

Liu J W, Mai K S, Xu W, et al., 2015. Effects of dietary glutamine on survival, growth performance, activities of digestive enzyme, antioxidant status and hypoxiastress resistance of half - smooth tongue sole (*Cynoglossus semilaevis* Günther) post larvae [J]. Aquaculture, 446: 48 - 56.

Magnadóttir B, 2006. Innate immunity of fish (overview) [J]. Fish & Shellfish Immunology, 20 (2): 137 - 151.

Mai K, Wan J, Ai Q, et al., 2005. Dietary methionine requirement of large yellow croaker, *Pseudosciaena crocea* R [J]. Aquaculture, 253 (1): 564 -572.

Martins C I M, Silva P I M, Costas B, et al., 2013. The effect of tryptophan supplemented diets on brain serotonergic activity and plasma cortisol under undisturbed and stressed conditions in grouped - housed Nile tilapia *Oreochromis niloticus* [J]. Aquaculture,

400/401: 129 – 134.

Park G S, Takeuchi T, Yokoyama M, et al., 2002. Optimal dietary taurine level for growth of juvenile Japanese flounder *Paralichthys olivaceus* [J]. Fisheries Science, 68 (4): 824 – 829.

Peng L, Mai K, Trushenski J, et al., 2009. New developments in fish amino acid nutrition: towards functional and environmentally oriented aquafeeds [J]. Amino Acids, 37 (1): 43 – 53.

Saurabh S, Sahoo P, 2008. Lysozyme: an important defence molecule of fish innate immune system [J]. Aquaculture Research, 39 (3): 223 – 239.

Skiba – Cassy S, Geurden I, Panserat S, et al., 2016. Dietary methionine imbalance alters the transcriptional regulation of genes involved in glucose, lipid and amino acid metabolism in the liver of rainbow trout (*Oncorhynchus mykiss*) [J]. Aquaculture, 454 (3): 56 – 65.

Twibell R G, Wilson K A, Brown P B, 2000. Dietary sulfur amino acid requirement of juvenile yellow perch fed the maximum cystine replacement value for methionine [J]. Journal of Nutrition, 130 (3): 612 – 616.

Wang C A, Xu Q Y, Xu H, et al., 2011. Dietary L – alanyl – L – glutamine supplementation improves growth performance and physiological function of hybrid sturgeon *Acipenser schrenckii* ♀ × *A. baerii* ♂ [J]. Journal of Applied Ichthyology, 27 (2): 727 – 732.

Wang X, Xue M, Figueiredo Silva C, et al., 2016. Dietary methionine requirement of the pre – adult gibel carp (*Carassius auratus* gibeilo) at a constant dietary cystine level [J]. Aquaculture Nutrition, 22 (3): 509 – 516.

Wang Z, Mai K, Xu W, et al., 2016. Dietary methionine level influences growth and lipid metabolism via GCN2 pathway in cobia (*Rachycentron canadum*) [J]. Aquaculture, 454: 148 – 156.

Wu P, Tang L, Jiang W, et al., 2017. The relationship between dietary methionine and growth, digestion, absorption, and antioxidant status in intestinal and hepatopancreatic tissues of sub – adult grass carp (*Ctenopharyngodon idella*) [J]. Journal of Animal Science and Biotechnology, 8 (4): 63.

Yan L, Zhou X, 2006. Dietary glutamine supplementation improves structure and function of intestine of juvenile Jian carp (*Cyprinus carpio* var. Jian) [J]. Aquaculture,

256 (1 - 4): 389 - 394.

Zaminhan M, Boscolo W R, Neu D H, et al. , 2017. Dietary tryptophan requirements of juvenile Nile tilapia fed corn - soybean meal - based diets [J]. Animal Feed Science and Technology, 227: 62 - 67.

Zhao Y, Zhang Q, Yuan L, et al. , 2017. Effects of dietary taurine on the growth, digestive enzymes, and antioxidant capacity in juvenile sea cucumber, *Apostichopus japonicus* [J]. Journal of the World Aquaculture Society, 48 (3): 478 - 487.

Zhou Q C, Wu Z H, Tan B P, et al. , 2006. Optimal dietary methionine requirement for juvenile cobia (*Rachycentron canadum*) [J]. Aquaculture, 258 (1 - 4): 551 - 557.

Zhu Q, Xu Q, Xu H, et al. , 2011. Dietary glutamine supplementation improves tissue antioxidant status and serum nonspecific immunity of juvenile hybrid sturgeon (*Acipenser schrenckii* ♀ × *Huso dauricus* ♂) [J]. Journal of Applied Ichthyology, 27 (2): 715 - 720.

第二章
牛磺酸的概述

第一节　牛磺酸在自然界的存在形式

>> 一、牛磺酸的化学结构

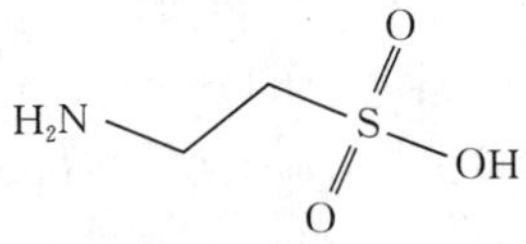

　　牛磺酸，又称牛胆碱、牛胆素，于1827年首次从牛的胆汁中分离，故以其通用名称命名。化学名称为2-氨基乙磺酸，是一种小分子β-含硫氨基酸，化学结构为 $H_2NCH_2CH_2SO_3H$，分子结构见图2-1。牛磺酸为白色或浅黄色四面针状结晶，无色，易溶于水，牛磺酸水溶液

图2-1　牛磺酸的分子结构

（引自吴迪，2017）

的 pH 为 4.1~5.6，在水中 12 ℃时溶解度为 0.5%，在 95%乙醇中 17 ℃时溶解度为 0.004%，不溶于乙醚、无水乙醇和丙酮，具有酸碱两性电解质作用，不易透过细胞膜，化学性质稳定，其基本物理性质见表2-1。牛磺酸不具有氨基酸的典型结构，其氨基部分位于羧基的α位置。牛磺酸是一种游离的含硫β氨基酸，其氨基位于β-碳上，与其他氨基酸略有不同，因为它含有磺酸，而不是氨基酸中更常见的羧基。严格意义上来说，牛磺酸不属于氨基酸，因为它不含有羧基，但通常还是把牛磺酸称作氨基酸，即使在科学术语中也称其为氨基酸。在国际上，牛磺酸的研究重点从原始的生理和药用研究领域，逐渐拓展到食品添加剂和营养保健等领域；国内的牛磺酸研究与国外发达国家相比仍处于较低水平。20世纪80年代初，中国科学院长春应用化学所与长春制药厂首次合成牛磺酸，但鉴于牛磺酸的庞大需求量，无论是各大高校、研究机构，还是企业，均加大了对牛磺酸晶体研究和生产的投入，因此，对牛磺酸相关的研究的深入程度和合成产量均有了长足的进步。在理论研究方面，包括清华大学、青岛大学、沈阳化工研究院、山东师范大学等高校和研究机构，均展开了对牛磺酸的研究并且获得了一定的研究成果；在工业生产方面，中国的年牛磺

酸产量已经突破万吨级，我国也成为重要的牛磺酸出口国之一。

表 2-1　牛磺酸的基本物理性质

（引自吴迪，2017）

物理性质	说明
CAS 号	107-35-7
分子式	$H_2NCH_2CH_2SO_3H$
相对分子质量	125.15
颜色	无色或白色
气味	无臭
密度	1.734 g/cm^3
毒性	无毒
溶解性	易溶于纯水
熔点	305.11 ℃

>> 二、牛磺酸在自然界的存在

1827 年，奥地利科学家 Tiedemann 和 Gmelin 首次从牛胆汁分离出来牛磺酸。牛磺酸在牛胆汁中以与甘氨酸、胆汁酸结合的牛磺胆酸形式存在。1838 年，Demarcay 研究牛胆汁，首先证明了牛磺酸的结构，并根据公牛的拉丁文名称 *Bos taurus* 将牛磺酸命名为 Taurine。1901 年，Hammarsten 用盐酸和乙醇处理牛胆汁，从每升牛胆汁中获得 5 g 的牛磺酸，接着 Krukenberg、Henze、Suzuki 等相继发现头足纲动物中含有大量牛磺酸。1904 年，Kelly 从几种无脊椎动物中分离出甘氨酸和牛磺酸。1918 年，Schmidt 和 Watson 从腹足动物中分离出牛磺酸。最初人们认为，牛磺酸是机体内含硫氨基酸的无功能代谢产物。为获得较多牛磺酸用于试验研究，1927 年，Kermack 用盐酸水解牛胆酸钠得到牛磺酸和甘氨酸，以乙醇分离甘氨酸得到牛磺酸。1975 年，Hayes 等发现，猫的食物中若缺少牛磺酸，会导致其视网膜变性甚至失明。这也解释了猫及猫头鹰等捕食鼠的原因是为了摄取鼠体内丰富的牛磺酸，以保持其锐利的视觉。自此，人们广泛开展了对牛磺酸的合成、生理功能、安全性和应用等方面研究。

自然界中，牛磺酸广泛存在于动物体内，包括哺乳动物、鸟类、鱼类以及水生无脊椎动物，如贻贝和牡蛎等。此外，一些植物中也含有牛磺酸，但其含量甚至不足动物体内的 1%。其中，牛磺酸含量最丰富的植物为藻类，其次是真菌和一些陆生植物，而其他植物如玉米、芝麻等中都不含有牛磺酸。表 2-2 为藻类及真菌中的牛磺酸含量。牛磺酸作为动物组织中最丰富的游离氨基酸，约占肝脏中游离氨基酸含量的 25%，肾脏游离氨基酸含量的 50%，肌肉游离氨基酸含量的 53%，以及大脑游离氨基酸含量的 19%。动物体内牛磺酸主要存在于细胞内，各组织细胞内与细胞外的牛磺酸浓度比为（100～50 000）∶1。此外，有少量的牛磺酸在哺乳动物中以小肽的形式存在，如磺乙谷酰胺、Ser-Glu-Ser-taurine、seryl-taurine 和 aspartyl-taurine；还有一些牛磺酸以乙酰化的形式存在，如 N-acetylglutamyl-taurine/N-acetylaspartyl-taurine 等。这

表 2-2　藻类及真菌中的牛磺酸含量

（引自 Kataoka H，1887—1888）

物　　种	含量（nmol/湿重）
红藻门	
石花菜（*Gelidium subcostatum*）	998.7±15.7
椭圆蜈蚣藻（*Grateloupia elliptica*）	198.2±5.3
褐藻门	
海带（*Laminaria japonica*）	132.6±0.03
马尾藻（*Sargassum fulvellum*）	51.5±2.3
绿藻门	
刺松藻（*Codium fragile*）	15.1±0.02
真菌门	
毛柄金钱菌（*Flammulina velutipes*）	7.41±0.23
香菇（*Lentinus edodes*）	4.53±0.06
簇生离褶伞（*Lyophyllum aggregatum*）	3.88±0.08
藓类植物门	
金发藓（*Polytrichum juniperium*）	1.26±0.07
东亚小金发藓（*Pogonatum inflexum*）	3.75±0.06
长肋青藓（*Brachythecium populeum*）	3.27±0.02
蕨类植物门	
日本蹄盖蕨（*Athyrium niponicum*）	1.75±0.11
假线鳞耳蕨（*Polystichum setosum*）	1.63±0.03

些小肽在动物体内具有同样的生理学功能。人体内牛磺酸的总量为 12～18 g，3/4 以上存在于骨骼肌肉，血浆仅含有 14～66 mg，心肌细胞与血浆细胞的牛磺酸浓度比约为 200：1；水产动物中，牛磺酸含量一般可达9.1～41.4 μmol/g，部分海洋动物可高达 83 μmol/g。鱼虾贝中，甲壳类牛磺酸含量最多，马氏珠母贝可达 13.83 g/kg，牡蛎和翡翠贻贝中牛磺酸含量高于 10 g/kg。金枪鱼等红肉鱼鱼背上的深色鱼肉中牛磺酸的含量是其白色鱼肉部分的5～10倍；而真鲷及各种比目鱼等白肉鱼各组织中牛磺酸含量则差异不明显。表 2-3 为海洋鱼类和贝类的牛磺酸含量。

表 2-3　海洋鱼类和贝类的牛磺酸含量

(引自谭乐义，2000)

名称（干基）	每百克中牛磺酸含量（mg）	名称（干基）	每百克中牛磺酸含量（mg）
日本对虾	199	海松贝	638
竹筴鱼	206	翡翠贻贝	802
蛤蜊	211	蝾螺	945
枪乌贼	342	牡蛎	1 200
赤贝紫贻	427	马氏珠母贝	1 383
紫贻贝	440	沙虫干	1 837
姥蛤	571		

》三、牛磺酸在动物体内的合成与代谢途径

在动物机体内，蛋氨酸、胱氨酸、半胱氨酸、丝氨酸、半胱胺等是合成牛磺酸的最初原料，在经过半胱亚磺酸脱羧酶（CSD）的脱羧作用等一系列中间过程形成中间产物，最后经过氧化得到牛磺酸。目前，已知的机体内牛磺酸的具体合成途径有 5 种：

途径 I：蛋氨酸-半胱氨酸-半胱亚磺酸-亚牛磺酸-牛磺酸。

途径 II：半胱氨酸-半胱亚磺酸-磺基丙氨酸-牛磺酸。

途径 III：蛋氨酸-泛酰巯基乙胺-半胱胺-亚牛磺酸-牛磺酸。

途径 IV：半胱氨酸-半胱亚磺酸-β-亚磺酰基丙酮酸盐-磺基丙氨酸-牛磺酸。

途径Ⅴ：半胱氨酸-胱氨酸二硫化物-亚牛磺酸-牛磺酸。

哺乳动物主要以途径Ⅰ合成牛磺酸，在机体合成过程中，体内半胱氨酸的含量主要由半胱氨酸双加氧酶（CDO）决定，而CDO对于底物的变化（如饮食的变化）高度敏感，因此，其在维持细胞内半胱氨酸水平方面发挥着重要作用。之后，半胱亚磺酸可以在天冬氨酸转氨酶（AAT）和半胱亚磺酸脱羧酶（CSD）的作用下，转变为β-亚磺酰基丙酮酸或亚牛磺酸。在哺乳动物体内，肝细胞CSD活性要高于肌肉、肾脏和肠道细胞。肝脏在牛磺酸生物合成中具有重要的作用，被认为是大多数动物合成牛磺酸的主要器官。

CSD作为牛磺酸合成的限速酶和关键酶，CSD的活性可直接反映机体合成牛磺酸的能力。CSD活性在不同动物种属之间存在差异，在同一动物的不同生长阶段也有较大的差异。在非哺乳动物种中，牛磺酸生物合成途径的研究甚少，有迹象表明鸟类依赖于途径Ⅱ。在没有亚牛磺酸形成的情况下，鸡将半胱氨酸转化为磺基丙氨酸，进而转化为牛磺酸。昆虫也会通过途径Ⅱ合成牛磺酸。在途径Ⅲ中，亚牛磺酸由半胱胺产生，半胱胺可看作是脱羧的半胱氨酸，但其合成路径中没有CSD的参与，而由辅酶A的转换和泛酰巯基乙胺的氧化产生。在大鼠试验中，饲喂半胱胺的大鼠肝脏中，亚牛磺酸含量约为半胱氨酸饲喂组的40%；而未补充半胱胺组的亚牛磺酸水平仅为7%，再次论证了途径Ⅲ的可能性。有相关证据表明，途径Ⅳ发生在蟑螂等昆虫中，但无机硫向半胱氨酸的最初转化，实际上是由其体内共生细菌完成的。途径Ⅴ中胱氨酸二硫化物非常不稳定，易分解为半胱氨酸亚硫酸盐和胱氨酸，所以目前该途径仍未得到证实。图2-2为牛磺酸的生物合成途径。

水产动物牛磺酸合成途径与其种类有关，CSD、CDO是水产动物体内合成牛磺酸的关键代谢酶。在不同鱼类中，牛磺酸合成的关键酶活性差异显著。Goto等对虹鳟[（15.82±1.27）nmol/(min·mg)]和大太阳鱼[（2.33±0.35）nmol/(min·mg)]肝胰脏CSD活力进行测定，认为途径Ⅰ为这两种鱼体内牛磺酸合成的主要路径。鲤、真鲷、牙鲆体内CSD活力较低，而鲽、黄尾鰤、细鳞鲑体内几乎没有活性。后续在对上述鱼体内CDO活性测定时发现，大太阳鱼、真鲷、香鱼CDO活性分别为（3.06±0.44）、（2.04±0.29）、（1.85±0.16）nmol/(min·mg)，鲤和牙鲆该酶活性相对较低，虹鳟几乎无此酶活性。上述结果表明，合成牛磺酸能力最强的大太阳鱼通过途径Ⅰ合成的

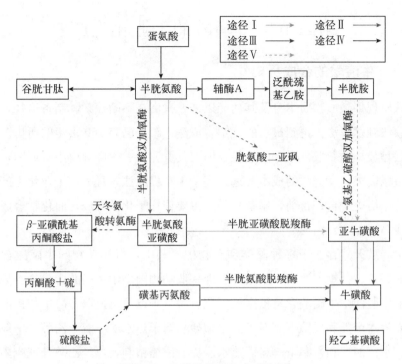

图 2-2　牛磺酸的生物合成途径

（引自 Guillaume P，2015）

牛磺酸难以满足需要时，通过途径Ⅲ途径也能合成大量牛磺酸；此外，途径Ⅲ还是鲤、真鲷和牙鲆合成牛磺酸的主要途径。因此，有关鱼类体内牛磺酸的合成路径不能一概而论，关于其确切的途径仍需继续明确。

　　牛磺酸在体内的代谢途径主要分为 4 种：①在肝脏中与胆酸生成牛磺胆酸，随后与胆汁排到消化道中，促进脂肪和脂溶性物质的消化吸收；②在肝脏中，经转氨基甲酰基作用生成氨基甲酰牛磺酸，具体功能尚未清楚；③分解为硫酸的过程中，生成中间产物——异乙基硫氨酸，与牛磺酸共同调节离子通过生物膜的转移作用；④在 ATP-脒基转移酶催化下，接受精氨酸的胍基后生成脒基牛磺酸，然后进行磷酸化生成磷酸脒基牛磺酸。其在低等生物中可作为一种磷酸源，参与机体的能量代谢。机体内的牛磺酸除一部分与胆酸结合成胆汁外，主要以原形经尿液排出。机体内牛磺酸过量时，多余部分随尿液排出；机体内牛磺酸不足时，肾脏重吸收来减少牛磺酸的排泄，以维持机体内牛磺酸含量的相对稳定。

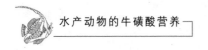
第二节　牛磺酸的工业化生产

》 一、牛磺酸的合成历史

从发现牛磺酸物质本身及其功能以来，人们在不断探索其制备途径，从生物提取法到发酵法，再到最后的化学合成法，距今已有 160 多年的历史。生物提取法是最早的获取牛磺酸的途径，但因其资源少、生产规模小等原因，无法满足市场需求；发酵法的成本要远远高于生物提取法，且无法工业化生产，将逐渐退出历史舞台；目前，制备牛磺酸主要依托于化学合成，而化学合成的可能路线多达 10 余种。

牛磺酸天然存在于多种藻类和动物中。其中，海洋动物的牛磺酸含量最高，如墨鱼、牡蛎、海螺、蛤蜊等。因一般动物肉类中牛磺酸含量远不如海洋动物，牛胆汁中牛磺酸含量虽高但资源有限且难以分离提取，故生物提取的原料主要为水产类和屠宰下脚料等。牛磺酸易溶于热水而不溶于乙醇，一般将鱼贝类、水产加工和屠宰下脚料以热水浸提后浓缩精制，再经乙醇处理或阳离子交换树脂分离结晶而得牛磺酸。此外，日本有很多研究利用海藻类提取牛磺酸的报道，也有用珍珠提取牛磺酸的报道。生物提取法技术成熟，质量稳定，符合"纯天然"概念。但生物原料来源毕竟有限，不能满足市场需求。

牛磺酸可由发酵法制取。Shoko 用源自牛肉的链球菌，在含牛胆汁提取物和葡萄糖的培养基中发酵 2 d，1.5 kg 牛胆汁提取物可得牛磺酸 45 g；Nakanishi 将 1 株谷氨酸棒状杆菌，在含葡萄糖、蛋白胨、磷酸氢二钾、磷酸二氢钾、硫酸镁、生物素、酵母膏、尿素和维生素 B_1 等的培养基中分段发酵，发酵液牛磺酸含量为870 mg/L。从 1 L 发酵液得到牛磺酸不到 1 g，还需要提取出来。因此，发酵法的收率之低和成本之高显而易见，没有实现工业化的价值。

1927 年，Marvel 报道了以溴乙基磺酸合成牛磺酸的化学合成方法。1936 年，Cortese 报道了溴乙烷与亚硫酸钠合成牛磺酸。1947 年，Sehick 报道了氯乙烷与亚硫酸钠合成牛磺酸。牛磺酸化学合成法生产的工业化始于 20 世纪 50 年代，70 年代西方国家开始大量生产和应用牛磺酸；我国 80 年代开发成功牛磺酸工业生产，当时产量每年仅 1 000 t，90 年代年产量达 3 000 t，到 2000 年产量突破 1 万 t，2002 年全球年需求量超过 3 万 t。迄今为止，文献报道的牛磺酸化学合成路线众多，但由于受到原料来源、生产成本、产品收率以及合成工艺条件和设备要求等的限制，真正能用于工业化生产的很少。其中二氯乙烷法，如图 2-3 所示，反应式见（1），是我国最早实现牛磺酸工业化生产的方法之一，该法的最大优点是原料容易获得，但在反应过程中温度要求高，且在氨解过程需加压，设备要求和投资相对较大，后来逐渐被淘汰；后来国内曾用氯化-磺化法工业生产牛磺酸，反应式见（2），但反应条件苛刻，成本较高，"三废"排放量大，此外，反应过程中使用的氯化亚砜具有剧毒性、腐蚀性以及遇水反应强烈等缺点，此种方法也逐渐被淘汰；直到 80 年代末，最先由日本、德国将乙撑亚胺法推向工业化，反应式见（3），此法操作简单、成本低和技术先进，逐渐在国内推广，但仍有较大缺点，如乙撑亚胺毒性太大、沸点低、易挥发、容易发生聚合爆炸等；环氧乙烷法和酯化-磺化法的出现，将牛磺酸生产的安全性提高，反应式见（4）、（5），此外，还具有经济效益显著、排污量少等优点，是我国工业生产牛磺酸的主要工艺。

(1) $ClCH_2CH_2Cl \xrightarrow{Na_2SO_3} ClCH_2CH_2SO_3Na \xrightarrow[H^+]{NH_3} H_2NCH_2CH_2SO_3H$

(2) $H_2NCH_2CH_2OH \xrightarrow{NaCl} HCl \cdot H_2NCH_2CH_2Cl \xrightarrow{Na_2SO_3} H_2NCH_2CH_2SO_3H$

(3) $H_2NCH_2CH_2OH \xrightarrow[H_2O]{N_2} CH_2NHCH_2 \xrightarrow[NH_4HSO_4]{H_2SO_4} H_2NCH_2CH_2SO_3H$

(4) $H_2NCH_2CH_2OH \xrightarrow{H_2SO_4} H_2NCH_2CH_2OSO_3H \xrightarrow[(NH_4)_2SO_3]{H_2SO_4} H_2NCH_2CH_2SO_3H$

(5) $SO_2 \xrightarrow{NaOH} NaHSO_3 \xrightarrow{CH_2OCH_2} HOCH_2CH_2SO_3Na \xrightarrow[H^+]{NH_3} H_2NCH_2CH_2SO_3H$

图 2-3　牛磺酸工业化生产合成

>> 二、牛磺酸的合成方法

牛磺酸的合成工艺已有几十种，制备原料和生产工艺也各有差异，导致最终产品的形貌、粒度均有不同。本节重点描述国内主要采用的两种制作工艺——乙醇胺法和环氧乙烷法，以及后续的提纯工艺，两种工艺比较见表 2-4。

乙醇胺法工艺成熟，应用较早。按具体的合成路线，乙醇胺法又分为氯化-磺化法、乙撑亚胺法和酯化-磺化法。其中，氯化-磺化法分为氯化、磺化两

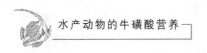

表2-4　牛磺酸的主要合成方法比较

合成方法	主要原料	工业化收率（%）	比较
乙醇胺酯化法	乙醇胺、硫酸、亚硫酸铵	58～62	收率一般，原料易得，常压反应，安全性高，设备成本低，原料成本高；生产周期略长，收率较低；能耗较高
环氧乙烷法	环氧乙烷、硫酸、亚硫酸氢钠、液氨	65～70	收率较高，设备成本高，原料成本低；高温高压反应，生产要求高；原料高危化学品，运输和储存受到限制，有政策风险；能耗高

步，首先乙醇经氯化生成 2-氯乙胺盐酸盐，再经亚硫酸钠磺化生成牛磺酸；乙撑亚胺法主要通过乙撑亚胺与硫酸直接反应合成牛磺酸，反应温度为 30～40 ℃，时间 1～1.5 h，pH 控制在 8 左右；酯化-磺化法的制作工艺为在浓硫酸条件下，进行乙醇胺的酯化反应，制备得到中间体 2-氨基乙基硫酸酯，再将其与亚硫酸钠混合，进行磺化反应合成牛磺酸，生产工艺如图 2-4 所示。考虑到酯化反应是可逆过程，乙醇胺转化率较低，所以一般加入带水剂，以恒沸混合物的形式将水去除或通过减压脱水，且带水剂可以循环使用。酯化-磺化法中磺化是该合成工艺路线的控制步骤，磺化温度一般控制在 75 ℃，反应

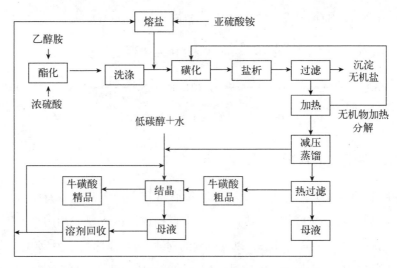

图 2-4　乙醇胺工艺生产牛磺酸的工艺流程

（引自陈建，2021）

长达十几个小时，能耗量大，而且 2-氨基乙醇硫酸酯在硫酸钠溶液中易水解，牛磺酸和无机盐难以分离。环氧乙烷法大致生产工艺如图 2-5 所示，首先将环氧乙烷与亚硫酸氢钠开环羟化合成羟乙基磺酸钠，再通过氨解和酸化过程制得牛磺酸品。在环氧乙烷法生产过程中，氨解反应温度需控制在 250~258 ℃，压力 18~20 MPa，反应操作和设备有较高的要求，但环氧乙烷原料成本低，且造成污染小。

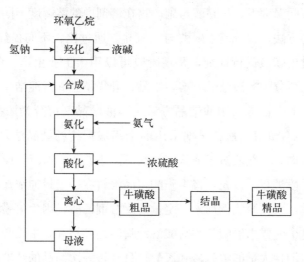

图 2-5　环氧乙烷工艺生产牛磺酸的工艺流程

(引自陈建，2021)

获得牛磺酸产品后，为进一步得到纯度较高的牛磺酸晶体，无论采用何种合成工艺制备牛磺酸，都必须通过进一步的分离方法对牛磺酸产品进行再次提纯。常见的提纯方法包括电渗析脱盐法、溶剂萃取法、室温离子液体浸取法和结晶法。

1. 电渗析脱盐法　在电场作用下进行渗析时，溶液中的带电的离子通过膜而迁移的现象称为电渗析。牛磺酸晶体本身为弱电解质，但合成过程中产生的副产物无机盐大多为强电解质，因此，可以利用在电场中移动速率的不同进行分离。采用电渗析法分离牛磺酸的操作方法提纯效果显著，但电渗析装置价格较高，大大加大了分离操作的成本，无法大面积的应用于工业生产。

2. 溶剂萃取法　溶剂萃取是比较常见的一种分离方法，但牛磺酸与无机盐均易溶于水，不易溶于常见的有机溶剂。有研究表明，可以利用 25％的氨水溶液对牛磺酸与无机盐溶液进行分离操作。

3. 室温离子液体浸取法　此种方法由于本身具有较高的稳定性，溶解能力强，分离温度较低，无须高温操作，故其具有极高的应用前景。但这种提纯方法操作复杂，室温离子液体用于大量生产比较困难，无法广泛地应用在工业生产中。

4. 结晶法　利用结晶操作将牛磺酸和盐分离，是应用广泛的传统分离手段。由于在不同温度下，牛磺酸与副产物在溶剂中的溶解度不同，可以通过改变结晶工艺的方法，来分离牛磺酸与无机盐。通过比较不同提纯方法的优劣，采用结晶法对牛磺酸进行提纯，是现阶段可以用于工业生产中的一种提纯方式。结晶过程可分为溶液结晶、熔融结晶、升华结晶和沉淀结晶。其中，溶液结晶是化学工业中最常采用的结晶方法。溶液结晶又可分为浓盐酸-乙醇法、水溶剂法和水-有机溶剂法，早期采用的牛磺酸提纯的结晶法是浓盐酸-乙醇法，主要是考虑到牛磺酸溶于浓盐酸，而不溶于乙醇，所以可以采用类似溶析结晶的分离手段进行。首先，将牛磺酸粗品溶解在一定量的浓盐酸中，然后将不溶杂质过滤，再按照比例加入一定量的反溶剂乙醇，因为牛磺酸几乎不溶于乙醇，所以这个时候牛磺酸的浓盐酸溶液瞬间达到饱和，牛磺酸晶体会逐渐析出。此方案需消耗大量的浓盐酸和乙醇，且经过一次结晶的纯度不高，需要多次重结晶，操作麻烦，工作量大。后来在结晶分离过程中，利用水作为溶剂，是分离提纯牛磺酸常用的方法之一。因为水作为溶剂，成本低且分离效果良好。以水作为溶剂对牛磺酸粗品进行多次结晶分离，成本虽然低，但工作量大，操作烦琐，所以也可以考虑采用水-有机混合溶剂作为结晶溶剂，来提高牛磺酸的结晶分离效率。

第三节　牛磺酸在饲料产业中的研究现状

》 一、牛磺酸的生理功能

（一）参与营养物质代谢

1. 参与蛋白质代谢　牛磺酸不参与蛋白质的合成，作为含硫氨基酸的代谢产物，其在动物体内通常以游离氨基酸的形式存在。牛磺酸影响体内蛋白质的消化吸收效率的根本原因是，牛磺酸对调控蛋白质水解、转运、吸收相关基因表达起了调控作用。据研究，APN、PepT1、LAT2、CDX2 mRNA 在动物体内对蛋白质的吸收发挥着关键的作用。伍琴等研究结果揭示，牛磺酸通过调节 APN、PepT1、LAT2、CDX2 mRNA 在鲫肠道中的相对表达量，来调控蛋白质的水解、小肽的转运以及氨基酸的消化吸收，最终影响到鲫的生长性能。生长激素能够刺激有促进细胞分化和增殖、鱼体发育作用的胰岛素样生长因子-1（IGF-1）的分泌，而甲状腺激素对鱼体生长激素具有调控作用。邱小琼、赵红雪和高春生 3 人的研究表明，饲料中添加牛磺酸对鲤血浆中甲状腺激素的含量具有提高作用。同时，增加牛磺酸摄入量可以减少含硫氨基酸在牛磺酸合成中的使用，使更多含硫氨基酸参与蛋白质的合成，提高蛋白质利用率。朱钦龙的研究结果表明，牙鲆肌肉、肝脏中积累的牛磺酸含量与饲料中含量呈正比例相关；Matsunari 等发现，添加 1.0% 的牛磺酸能显著提高真鲷的牛磺酸含量且其他氨基酸含量逐渐降低；添加牛磺酸后，5 条鰤的生长性能显著改善，且肌肉中牛磺酸的含量随着饲料中牛磺酸水平的增加而增加。

2. 参与脂类代谢　牛磺酸参与牛磺胆酸的合成，在肠道微生物的作用下被水解成胆汁酸，促进乳化，有利于胆固醇、脂溶性维生素和脂溶性物质的消化和吸收。胆汁酸既能与甘氨酸结合，也可与牛磺酸结合。胆汁酸与牛磺酸的比例取决于牛磺酸的摄入量。同时，牛磺酸与胆酸结合对乳化、脂质代谢和脂溶性维生素的吸收具有更积极的作用，能使胆盐浓度维持在正常水平。研究表明，饲料中添加 0.1% 的牛磺酸能改善蛋鸡的脂质代谢，降低甘油三酯（TG）和总胆固醇（TC）的含量；Koven 等研究发现，牛磺酸能使石斑鱼肌肉中的脂肪显著降低。研究发现，饲料中添加牛磺酸，能够提高军曹鱼仔鱼肠道内淀粉酶、脂肪酶、胰蛋白酶和胃蛋白酶的活力及欧洲鲈肝脏脂肪酶活力。肝脏是胆固醇合成的重要场所，合成后的胆固醇一部分会进入肠道，肠道内各种酶类活力的提升表明牛磺酸能够增加胆固醇的溶解与排出。但牛磺酸过多会导致消化酶活力降低，随着饲料中牛磺酸的增加，鲫消化率和消化酶活性先升高后降低。这表明适当的牛磺酸添加量，才能够改善养殖动物对饲料中营养成分的消化吸收。

3. 参与糖类代谢　牛磺酸与胰岛素受体结合提高胰岛素的活性，以维持血糖的正常浓度，减少葡萄糖的吸收，或者直接调节肝脏葡萄糖的代谢。牛磺酸与胰岛素有协同作用，补充牛磺酸可以降低血浆胰岛素和血糖水平，增加胰岛素敏感性。牛磺酸能影响血糖和胰岛素的浓度，也可以增加糖原的合成，这可能与它保护胰岛β细胞的功能性和完整性有关。Lampson W G等研究认为，牛磺酸的添加能够增强胰岛素对心脏糖酵解和糖原生成的过程及耗氧量的刺激，且作用程度与胰岛素浓度有关。Donadio和Fromageot证实了牛磺酸的降血糖特性，并证明牛磺酸可增加大鼠膈肌的葡萄糖利用率。此外，Kulakowski和Maturo的研究证明，对空腹大鼠注射葡萄糖时，牛磺酸对血清葡萄糖水平有积极影响，同时，刺激骨骼肌和肝脏中葡萄糖的摄取和肝脏中的糖原生成，且血清胰岛素水平并没增加。表明牛磺酸与胰岛素受体之间的相互反应，可以提高胰岛素活性，促进碳水化合物的摄取利用，使机体的血糖浓度维持在正常水平。

（二）提高免疫力

脾脏、胸腺在体液免疫和细胞免疫起着决定性作用。Schuller等发现，猫体内缺乏牛磺酸，会损害B淋巴细胞区域，降低网状内皮细胞的吞噬功能。相关数据表明，淋巴细胞和中性粒细胞中牛磺酸的含量较高，因此，牛磺酸对淋巴细胞和中性粒细胞具有保护和增殖作用。有研究报道，牛磺酸对大鼠和人类的病毒抗原起辅助作用。日粮中添加0.4%的牛磺酸，对日本沼虾的生长性能、机体免疫力和肌肉中酚氧化能力都具有提高作用；对于水产动物而言，投喂牛磺酸含量较少的全植物蛋白源的饲料，会导致5条鰤贫血，真鲷出现绿肝综合征，补充牛磺酸则症状会有所改善；在大鼠的研究结果显示，牛磺酸的缺乏会引发细胞凋亡，导致严重的视网膜变性、生育能力降低和视力丧失。

（三）提高抗氧化力

在内外因素的作用下，机体的抗氧化系统会破坏动态平衡，产生过多的氧自由基，引起机体抗氧化损伤，从而诱发炎症和疾病的产生，影响生长性能。酶促抗氧化系统的重要组成部分包括SOD、GSH-Px和T-AOC。它们能清除活性氧和自由基，减少和防止活性氧的过氧化。自由基诱导脂质过氧化后产生MDA，在脂质过氧化的过程中起着表达作用。研究表明，牛磺酸可以提高大鼠暗视能力。作为脂质过氧化物最终产物的丙二醛含量降低，脑中超氧化物歧化酶含量升高。虹鳟、草鱼和青鱼等试验中证明，日粮中添加适量的牛磺酸，能够提高鱼体内SOD、GSH-Px、CAT等抗氧化酶活性。

（四）其他生理作用

牛磺酸能够提高养殖动物的繁殖力。Matsunari 等研究表明，牛磺酸能够增加 5 条雌性鰤的产卵数量，提高卵的直径、漂浮率和受精率等，促进性腺的发育与成熟；当饲料中牛磺酸水平为 10 g/kg 时，罗非鱼亲鱼在不滥用激素、破坏营养平衡的前提下，也能保证最好的繁殖性能；它在雄性动物生殖系统的发育中也起着重要作用。牛磺酸可提高水生动物的生存能力。饲料中添加牛磺酸，能够提高草鱼、军曹鱼和高体鰤幼鱼（Seriola dumerili）的存活率，并促进矿物质代谢。李淑玲和刘丽研究证明，牛磺酸能使心肌细胞中升高的 Ca^{2+} 和 Mg^{2+} 的浓度显著降低，从而对心肌产生保护作用，促进组织的修复。牛磺酸可通过预防线粒体功能障碍，来保护神经节细胞免受体内缺氧损伤；陈敦学通过注射麻醉剂对比黄鳝的饲料中添加牛磺酸的效果，在注射麻醉剂后对生肌调节因子（MRF）的表达变化进行检测，并制备切片观察分析肌纤维的恢复情况时，证明了牛磺酸能够恢复肌肉的损伤。

》二、牛磺酸在禽类养殖中的应用

1. 鸡　饲料中牛磺酸含量与肌肉中牛磺酸含量显著相关。由于肉鸡早期生长过程中缺乏对牛磺酸合成能力，对其生长性能有很大影响。因此，在饲料中添加牛磺酸对肉仔鸡的早期增重有一定的促进作用。李万军研究表明，牛磺酸能够显著提高肉鸡对营养素的利用率。主要表现在提高肉鸡免疫器官指数、肉鸡的屠宰性能、胸肌率、瘦肉率，增强免疫功能，并显著降低皮脂厚度。王俊萍在蛋鸡日粮中添加 100 mg/kg 牛磺酸，可改善蛋鸡的生产性能、脂质代谢、抗氧化状况和鸡蛋品质。费东亮研究得到，在日粮中添加适量的牛磺酸，能够显著提高热应激条件下小肠黏膜 sIgA 含量，降低血浆中 IL-1 和 TNF-α 含量，从而提高热应激肉鸡肠道的免疫性能；相反，黄春喜发现，牛磺酸除了能降低早期饲料重量比、抑制胰腺发育和改善胸腺指数外，对肉仔鸡的生长性能和其他免疫器官没有显著影响。

2. 鸭　牛磺酸在鸭的繁殖中也起作用。牛磺酸是体内内源性抗损伤物质，其主要机制与清除自由基和抗脂质过氧化有关。郭鹏飞研究发现，不同水平的牛磺酸能降低血清胆固醇含量，增加血清总蛋白和白蛋白含量，显著增加血清 T3 和血清 IgG 含量，从而提高免疫力。同时，能提高肉鸭的生产性能、养分利用率，降低料重比，改善肉鸭的胭脂特性。刘洋景研究发现，在日粮中添加0.10%的牛磺酸，可以提高笼养后备蛋鸭的抗氧化性能；杨小然也在研究中发现，日粮中添加0.10%～0.15%的牛磺酸，对笼养蛋鸭的生长性能、抗氧化功能和免疫器官发育有积极影响。李越研究表明，在玉米-豆粕型基础饲粮中添加0.103%～0.141%的牛磺酸，对血清和肝脏中的 T - AOC、GSH - Px、SOD 活性均有提升，显著降低了肝脏中 MDA 含量；蛋鸭的日增重增加，料重比显著降低，生产性能最佳；同时，添加牛磺酸，可以优化血清中 GH、BUN、GLU 等生化指标，促进机体的发育；可提高免疫器官指数和 TP 浓度，促进机体免疫功能。这也与前者所研究牛磺酸对鸭类的功效基本一致。

3. 牛磺酸在反刍动物养殖中的应用 再消化是反刍动物最明显的生理特点，其中，瘤胃、网胃、瓣胃不属于真胃，它们主要进行的是微生物消化。最重要的是瘤胃微生物系统，它可以将食物降解为挥发性脂肪酸、肽、氨基酸、氨、二氧化碳和其他成分，从而被机体吸收利用。日粮中限制性氨基酸，对瘤胃微生物氨基酸代谢有一定影响。低降解率和高降解率蛋白质日粮中，限制性氨基酸的代谢存在显著差异。低降解蛋白日粮十二指肠氨基酸组成与普通日粮相似，但高降解蛋白日粮与普通日粮差异显著。但在实际生产中，由于粗蛋白的加工工艺或饲料原料配比的不同，日粮的氨基酸组成、形态和水平、降解速率也有着明显的差异。因此，微生物的组成和种类以及蛋白质合成量也不同。故在反刍动物的饲养中，主要研究限制性氨基酸。牛磺酸是否有益于反刍动物的实际生产，还需要进一步研究。

➡ 参考文献

曹晓莉，李昭林，胡毅，2021. 低鱼粉饲料中添加牛磺酸对黄鳝生长、消化率及肠道酶活性的影响 [J]. 南方水产科学，17（5）：64 - 70.

费东亮，王宏军，苏禹刚，等，2014. 牛磺酸对热应激肉鸡肠道 SIgA 和细胞因子的影响 [J]. 饲料研究（13）：33 - 35.

郭鹏飞，2004. 牛磺酸对肉鸭生产性能，血液生化指标，免疫机能和胴体品质影响的研究 [D]. 保定：河北农业大学.

黄春喜，袁建敏，周淑亮，等，2011. 牛磺酸对肉仔鸡生长性能、消化器官和免疫器官

发育的影响 [J]. 动物营养学报（5）：854-861.

何凌云，周铭文，孙云章，等，2018. 饲料牛磺酸含量对不同生长阶段尼罗罗非鱼生长性能的影响 [J]. 饲料工业，39（22）：14-20.

何明，刘利平，曲恒超，等，2017. 牛磺酸对花鳗鲡生长和消化酶活力的影响 [J]. 上海海洋大学学报，26（2）：227-234.

冷向军，2020. 低鱼粉水产饲料的研究与应用 [J]. 饲料工业，41（22）：1-8.

李利，臧素敏，王鹏，等，2011. 太行鸡肌肉品质的分析 [J]. 动物营养学报（9）：1592-1599.

李丽娟，王安，王鹏，2010. 牛磺酸对爱拔益加肉雏鸡生长性能及抗氧化功能的影响 [J]. 动物营养学报，22（3）：696-701.

李万军，2012. 牛磺酸对肉鸡饲粮养分利用率，免疫器官发育及屠宰性能的影响研究 [J]. 中国农学通报，28（23）：6-10.

李越，2014. 牛磺酸对育成期蛋鸭生长性能及血液生化指标的影响 [D]. 哈尔滨：东北农业大学.

刘倩，符潮，周传社，等，2017. 反刍动物瘤胃微生物限制性氨基酸代谢研究进展 [J]. 家畜生态学报，38（2）：83-87.

罗莉，文华，王琳，等，2006. 牛磺酸对草鱼生长、品质、消化酶和代谢酶活性的影响 [J]. 动物营养学报（3）：166-171.

刘兴旺，麦康森，刘付志国，等，2018. 动植物蛋白源及牛磺酸对大菱鲆摄食、生长及体组成的影响 [J]. 中国海洋大学学报（自然科学版），48（5）：25-31.

刘洋景，王贵霞，张括，等，2011. 牛磺酸对后备蛋鸭机体抗氧化功能的影响 [J]. 中国家禽，33（21）：15-18.

马启伟，郭梁，刘波，等，2021. 牛磺酸对卵形鲳鲹肠道微生物及免疫功能的影响 [J]. 南方水产科学，17（2）：87-96.

齐国山，2012. 饲料中牛磺酸、蛋氨酸、胱氨酸、丝氨酸和半胱胺对大菱鲆生长性能及牛磺酸合成代谢的影响 [D]. 青岛：中国海洋大学.

秦帮勇，常青，于朝磊，等，2013. 半滑舌鳎（*Cynoglossus semilaevis* Günther）α-淀粉酶基因的克隆及牛磺酸对其表达的影响 [J]. 海洋与湖沼，44（4）：988-995.

王芙蓉，董晓芳，张晓鸣，等，2010. 牛磺酸对鹌鹑产蛋性能、脂肪代谢及免疫功能的影响 [J]. 食品与生物技术学报（3）：381-384.

王俊萍，2003. 牛磺酸对蛋鸡生产性能、脂质代谢及抗氧化状况的影响 [D]. 保定：河北农业大学.

王学习，周铭文，黄岩，等，2017. 饲料牛磺酸水平对不同生长阶段斜带石斑鱼生长性能和体成分的影响 [J]. 动物营养学报，29（5）：1810-1820.

伍琴，唐建洲，刘臻，等，2015. 牛磺酸对鲫鱼（*Carassius auratus*）生长、肠道细胞增殖及蛋白消化吸收相关基因表达的影响 [J]. 海洋与湖沼，46（6）：1516-1523.

吴雨豪，马恒甲，林海涵，等，2018. 牛磺酸在水产养殖中的研究进展 [J]. 饲料研究（5）：66-70.

解文丽，关燕云，艾春香，2015. 牛磺酸的生理功能及其在鱼类配合饲料中的应用 [J]. 饲料工业，36（14）：28-35.

徐国成，李建军，李信书，等，2018. 许氏平鲉近海网箱养殖技术 [J]. 水产养殖（6）：23-26.

杨小然，王安，郭志杰，2011. 牛磺酸对笼养蛋雏鸭生长性能，抗氧化功能及免疫器官发育的影响 [J]. 动物营养学报，23（5）：807-812.

余海芬，2010. 蛋清中溶菌酶的高效提取及其定量测定方法研究 [D]. 武汉：华中农业大学.

虞为，杨育凯，林黑着，等，2021. 牛磺酸对花鲈生长性能、消化酶活性、抗氧化能力及免疫指标的影响 [J]. 南方水产科学，17（2）：78-86.

张桂芳，石蕊，姜发彬，等，2013. 不同精粗比日粮对泌乳奶山羊肝脏氨基酸代谢和产奶性能的影响 [J]. 南京农业大学学报，36（6）：73-79.

张辉，张海莲，2003. 碱性磷酸酶在水产动物中的作用 [J]. 河北渔业（5）：12-13，32.

周婧，王旭，刘霞，等，2019. 饲料中牛磺酸水平对红鳍东方鲀免疫及消化酶的影响 [J]. 大连海洋大学学报，34（1）：101-108.

El-Sayed A F M, 2013. Is dietary taurine supplementation beneficial for farmed fish and shrimp? A comprehensive review [J]. Reviews in Aquaculture（5）：1-15.

Espe M, Ruohonen K，Ei-Mowafi A, 2012. Effect of taurine supplementation on the metabolism and body lipid to protein ratio in juvenile Atlantic salmon（*Salmo salar*）[J]. Aquaculture Research，43（3）：349-360.

Franconi F，Leo M A，Bennardini F，et al.，2004. Is taurine beneficial in reducing risk factors for diabetes mellitus [J]. Neurochemical Research，29：143-150.

Gatlin D M，Barrows F T，Brown P，et al.，2007. Expanding the utilization of sustainable plant products in aquafeeds：A review [J]. Aquaculture Research，38（6）：551-579.

Gaylord T G，Teague A M，Barrows F T，2006. Taurine supplementation of all‑plant protein diets for rainbow trout (*Oncorhynchus mykiss*) [J]. Journal of the World Aquaculture Society，37 (4)：509‑517.

Hansen S H，2001. The role of taurine in diabetes and the development of diabetic complications [J]. Diabetes/Metabolism Research and Reviews，17：330‑346.

Huang C，Guo Y，Yuan J，2014. Dietary taurine impairs intestinal growth and mucosal structure of broiler chickens by increasing toxic bile acid concentrations in the intestine [J]. Poultry Science，93 (6)：1475‑1483.

Hussy N，Deleuze C，Desarmenien M G，et al.，2000. Osmotic regulation of neuronal activity：A new role for taurine and glial cells in a hypothalamic neuroendocrine structure [J]. Progress in Neurobiology，62 (2)：113‑134.

Jang J S，Piao S Y，Cha Y N，et al.，2009. Taurine chloramine activates Nrf2，increases HO‑1 expression and protects cell from death caused by hydrogen peroxide [J]. Journal of Clinical Biochemistry and Nutrition，45：37‑43.

Jong C J，Azuma J，Schaffer S，2012. Mechanism underlying the antioxidant activity of taurine：Prevention of mitochondrial oxidant production [J]. Amino Acids，42 (6)：2223‑2232.

Kim H W，Lee A J，You S，et al.，2006. Characterization of taurine as inhibitor of sodium glucose transporter [J]. Advances in Cirrhosis，HyPerammonemia，and Hepatic Encephalopathy，583：137‑145.

Kim S K，Kim K G，Kim K D，et al.，2015. Effect of dietary taurine levels on the conjugated bile acid composition and growth of juvenile Korean rockfish *Sebastes schlegeli* (Hilgendorf) [J]. Aquaculture Research，46 (11)：2768‑2775.

Petrosian A M，Haroutounian J E，2000. Taurine as a universal carrier of liquid soluble vitamins a hypothesis [J]. Almino Aeids，19 (2)：409‑411.

Rosemberg D B，Rocha R F，Rico E P，et al.，2010. Taurine prevents enhancement of acetylcholinesterase activity induced by acute ethanol exposure and decreases the level of markers of oxidative stress in zebrafish brain [J]. Neuroscience，171 (3)：683‑692.

Takagi S，Murata H，Goto T，et al.，2005. The green liver syndrome is caused by taurine deficiency in yellowtail，*Seriola quinqueradiata* fed diets without fishmeal [J]. Aquaculture Science，53 (3)：279‑290.

Takagi S，Murata H，Goto T，et al.，2006. Efficacy of taurine supplementation for preventing green liver syndrome and improving growth performance in yearling red sea bream *Pagrus major* fed low - fishmeal diet [J]. Fisheries Science, 72: 1191 - 1199.

Takeuchi T, Park G S, Seikai T, et al., 2015. Taurine content in Japanese flounder *Paralichthys olivaceus* and red sea bream *Pagrus major* during the period of seed production [J]. Aquaculture Research, 32 (s1): 244 - 248.

Zhang J Z, Hu Y, Ai Q H, et al., 2018. Effect of dietary taurine supplementation on growth performance, digestive enzyme activities and antioxidant status of juvenile black carp (*Mylopharyngodon piceus*) fed with low fish meal diet [J]. Aquaculture Research, 49 (9): 3187 - 3195.

Zhang M Z, Li M, Wang R X, et al., 2018. Effects of acute ammonia toxicity on oxidative stress, immune response and apoptosis of juvenile yellow catfish *Pelteobagrus fulvidraco* and the mitigation of exogenous taurine [J]. Fish & Shellfish Immunology, 79: 313 - 320.

第三章

牛磺酸对水产动物生长的影响

第一节　饲料中添加牛磺酸对
刺参生长指标的影响

》饲料中添加不同水平牛磺酸对刺参（*Apostichopus japonicus*）**生长、抗氧化、免疫及抗应激能力的影响**

牛磺酸（2-氨基乙磺酸），是一种不用于蛋白质和酶合成的非必需氨基酸，但对人类和动物来说是非常重要的营养素。牛磺酸作为饲料添加剂，对动物的生长性能起着积极的作用。此外，饲料中的牛磺酸可以减少动物氧化应激，提高抗氧化能力，调节免疫系统。刺参（*Apostichopus japonicus*）属棘皮动物门（Echinodemata）、刺参纲（Holothuroidea）、楯手目（Aspidochirotida）、刺参科（Stichopodidae）、仿刺参属（*Apostichopus*），是我国北方重要的经济水产养殖动物。本试验在饲料中添加不同水平的牛磺酸，探究刺参生长、体壁成分的变化，以期为牛磺酸在刺参饲料中的应用提供科学依据。

1. 材料与方法

（1）材料　试验用刺参购于金砣水产有限公司，刺参初始体重为（0.79±0.05）g，于实验室暂养2周，期间投喂C组饲料（对照组饲料，饲料中牛磺酸水平为0）。养殖试验持续60 d。

（2）试验饲料的制备　试验以发酵豆粕、鱼粉和磷虾粉作为主要蛋白质来源，设计了5种等氮等能的饲料，分别添加0（C）、0.1%（T1）、0.5%（T2）、1%（T3）和2%（T4）的牛磺酸，试验饲料配方及营养成分如表3-1所示。按照饲料配方精确称重，采用逐级混合法混合均匀，加入适量水后，使用制粒机制成直径为2 mm的颗粒，将颗粒饲料在50℃下干燥至水分含量为10%，并在-20℃下储存备用。

表 3-1 试验饲料的组成（g/kg）

原料	C	T1	T2	T3	T4
羊栖菜	600	600	600	600	600
海泥	100	100	100	100	100
白鱼粉	25	25	25	25	25
混合矿物质[a]	20	20	20	20	20
混合维生素[a]	20	20	20	20	20
发酵豆粕	90	90	90	90	90
小麦粉	45	45	45	45	45
磷虾粉	25	25	25	25	25
明胶	20	20	20	20	20
卡拉胶	7.5	7.5	7.5	7.5	7.5
羧甲基纤维素	1.5	1.5	1.5	1.5	1.5
微晶纤维素	46	45	41	36	26
牛磺酸	0	1	5	10	20
合计	1 000	1 000	1 000	1 000	1 000
营养成分（%干物质）					
灰分	42.05	42.13	42.16	42.45	42.71
粗脂肪	3.65	3.74	3.69	3.73	3.66
粗蛋白	14.00	14.44	14.36	14.47	14.51
牛磺酸	0.02	0.09	0.38	0.78	1.73

注：[a] 混合维生素（每千克预混合物）和混合矿物质（mg/40 g 预混合物），是根据 Chen 等人的方法配制的。

（3）饲养管理　试验开始前，停喂 24 h，选取大小均匀、体色健康的刺参 225 只，随机分为 5 组，每组 3 个重复，每个重复 15 只刺参，放入 15 个 150 L 的水槽中。每天 17:00 进行投喂，投喂量为刺参体重的 3%，翌日 9:00 吸底换水，换水量为总水体的一半。试验过程使用黑色遮阳网遮盖水槽，连续 24 h 充气，水温保持在（17±2）℃，盐度范围为 28~30，溶解氧>5 mg/L（图 3-1）。

（4）样品采集及指标测定　60 d 的喂养试验后，将所有刺参禁食 24 h，分

图 3-1　刺参养殖环境

别称量每个水槽中的刺参，以确定刺参的最终体重（FBW），用于计算刺参的生长性能。

刺参的生长性能指标测定根据以下公式：

$$WGR（\%）=(WF-WI)/WI \times 100$$
$$SGR（\%/d）=100 \times (\ln WF-\ln WI)/T$$
$$FE（\%）=100 \times (WF-WI)/C$$

式中　　WGR——增重率；

$\qquad$ SGR——特定生长率；

$\qquad$ FE——饲料效率；

$\qquad$ WI——初始体重；

$\qquad$ WF——最终体重；

$\qquad$ T——试验天数；

$\qquad$ C——消耗的饲料的干重。

（5）数据分析　使用 SPSS 20.0 软件对所有数据进行统计分析。试验结果为平均值±标准误差（Mean±SD），使用单因素方差分析（ANOVA）和 Tukey's 的多重范围检验，确定组均值之间的差异，显著性差异设为（$P<$0.05）。

2. 结果　饲料中牛磺酸水平对刺参生长指标的影响见表 3-2。结果显示，试验组即 T1、T2、T3、T4 组刺参的终末体重（FBW）、增重率（WGR）、特定生长率（*SGR*）和饲料效率（*FE*）与对照组 C 组相比较有显著差异（*P*＜0.05），试验组均显著高于对照组；*FBW*、*WGR*、*SGR* 和 *FE* 随饲料牛磺酸水平的增加呈线性增加，在 T2 组中观察到最高的平均值，在 T3 和 T4 组中均有显著降低（*P*＜0.05）。

表 3-2　饲料中不同牛磺酸水平对刺参生长性能的影响（*n*＝45）

生长指标	C（对照）	T1	T2	T3	T4
初始体重 *IBW*（g）	0.79±0.04	0.79±0.01	0.82±0.02	0.82±0.02	0.79±0.01
终末体重 *FBW*（g）	2.07±0.10[a]	2.88±0.04[d]	3.14±0.02[e]	2.60±0.02[c]	2.35±0.01[b]
增重率 *WGR*（%）	161.68±7.25[a]	263.45±0.84[d]	281.98±11.98[d]	218.53±9.90[c]	197.08±4.40[b]
特定生长率 *SGR*（%）	1.60±0.05[a]	2.15±0.00[d]	2.23±0.05[d]	1.93±0.05[c]	1.82±0.03[b]
饲料效率 *FE*（%）	4.72±0.11[a]	7.31±0.06[d]	9.34±0.16[e]	6.37±0.14[c]	5.90±0.06[b]

注：表中值使用平均值±标准误差表示；同一行中不同上标字母，表示组间差异显著（*P*＜0.05）。

3. 讨论　研究表明，动物的生长性能受到饮食中牛磺酸水平的积极影响。Jose 等（2004）对欧洲鲈（*Dicentrarchus labrax*）的研究结果表明，当鱼粉和豆粕是鲈蛋白质的主要来源时，其幼鱼需要 0.2% 的牛磺酸才能更好地生长；Conceicao 研究了不同摄食方式对大菱鲆幼鱼从首次摄食到变态的游离氨基酸库、蛋白质周转率、氨基酸流量及其与生长的关系。研究发现，欧洲鲈（*Dicentrarchus labrax*）幼鱼的生长速率与牛磺酸水平呈正相关，牛磺酸通过促进蛋白质及氨基酸的代谢效率来提高大菱鲆幼鱼的生长速度，间接表明饲料对牛磺酸和硫氨基酸存在依赖性。Liu 等人研究了饲料中添加牛磺酸，对断奶仔猪生长性能、肝脏和肠道健康的影响，结果表明，仔猪增重率会受到饲料牛磺酸添加量的影响，这归因于牛磺胆酸，牛磺酸参与其合成，中途会分泌胆汁，胆汁在肠道中可被水解为胆汁酸，胆汁酸增多的同时，胆汁酸水解酶活性也会增高，胆汁酸水解酶具有促进脂溶性物质吸收的功能，从而促进脂质吸收，提高生长。Gaylord 等对虹鳟的研究表明，牛磺酸可能是限制虹鳟生长的营养素，添加牛磺酸可改善饲喂植物蛋白饲料的鱼类的生长、饲料系数、蛋白质保留效率和能量保留效率，牛磺酸的补充对以植物蛋白为主要蛋白来源的虹鳟饲料可能是必需的。Lim 等人发现，在寻找鱼粉替代原料的试验过程中补充牛磺酸，具有促条石鲷幼鱼（*Oplegnathus fasciatus*）生长的功效。关于牛磺酸对水生无脊椎动物的研究主要集中在虾上，Shiau 等（1994）通过 12 周的海水养殖试验，发现饲料中补充牛磺酸可以提高斑节对虾的生长性能。

本试验设计了 5 种不同牛磺酸水平的饲料，用于刺参喂养试验。本试验结果显示，与对照组相比较，饲料中补充牛磺酸的试验组，增重率、特定生长率、饲料效率有显著的提高，摄食补充牛磺酸饲料的刺参生长性能明显改善。在对南美白对虾（*Litopenaeus vannamei*）的研究发现，饲料中补充牛磺酸同样可以改善其生长性能；但是过量地添加牛磺酸会导致南美白对虾生长受到抑制。这一现象与之前关于牛磺酸的报道结果相符，在适当的范围内，在饮食中补充牛磺酸会显著改善动物生长性能，而过量的膳食牛磺酸可能会损害生长性能。本研究与上述试验结果一致，饲料中补充的过量牛磺酸并不会完全被刺参吸收，可能会排出体外，这将导致能量消耗增加，刺参体重增加速度降低。因此，饲料中补充牛磺酸能够改善刺参的生长性能。通过刺参增重率与饲料牛磺酸含量的折线分析，可知刺参饲料中最佳牛磺酸需要量为 3 g/kg。

第二节　饲料中添加牛磺酸对许氏平鲉生长指标的影响

》 饲料中添加牛磺酸对许氏平鲉生长指标的影响

牛磺酸作为条件性必需氨基酸，在机体生长发育过程中具有广泛的生理功能，如促进生长，增强免疫和抗应激能力，参与蛋白质、糖类和脂质代谢等。牛磺酸作为鱼粉中含量较高而植物性蛋白源缺失的微量营养因子，在水产动物配合饲料中具有重要意义。许氏平鲉（*Sebastes schlegelii*）属鲉形目（Scorpaeniformes）、鲉科（Scorpaenidae）、平鲉属（*Sebastes*），又称黑鲪、黑头、黑寨等，属冷温性近海底层鱼类，在我国北部沿海、日本、朝鲜及俄罗斯等区域均有分布，具有生长快、抗病性强、营养丰富和肉质鲜美等优点，现已成为我国沿海网箱养殖的重要经济鱼种之一。目前，对于许氏平鲉的营养研究主要集中在蛋白需求、蛋白替代以及功能性添加剂等方面，关于在低鱼粉高植物蛋白配合饲料中添加牛磺酸的研究处于空白。本试验通过在饲料中添加不同含量的牛磺酸，研究其对许氏平鲉幼鱼生长、免疫及抗氧化能力的影响，以确定许氏平鲉对牛磺酸的最适需求量，为其配合饲料的研发提供参考。

1. 材料与方法

（1）材料 许氏平鲉幼鱼购自大连金砣养殖有限公司，初始体重为（36.25±0.04）g，投喂 T1 组饲料暂养 1 周，以适应养殖环境。养殖试验持续 60 d。

（2）试验饲料的制备 本试验以豆粕、鱼粉为主要蛋白源，以鱼油为主要脂肪源，配制牛磺酸水平分别为 0（T1，对照）、0.8％（T2）、1.6％（T3）、2.4％（T4）、3.2％（T5）的 5 种等能低鱼粉饲料，饲料配方及营养成分见表 3-3。甘氨酸的含量随着饲料中牛磺酸含量的增加而减少，以保证各试验饲料的氮含量一致。所有原料粉碎后过 60 目筛，按照配方添加原料进行逐级混匀，混匀过程中添加适量的水，使其黏合度适宜，经制粒机制成 2 mm 饲料，于 40 ℃烘箱中烘干至水分适宜后，于-20 ℃冰箱中保存备用。

表 3-3 试验饲料组成（％干物质基础）

原料	组　别				
	T1	T2	T3	T4	T5
鱼粉	20	20	20	20	20
酪蛋白	4	4	4	4	4
豆粕	36	36	36	36	36
小麦粉	12.11	12.11	12.11	12.11	12.11
小麦面筋粉	6	6	6	6	6
鱿鱼肝粉	5	5	5	5	5
鱼油	6	6	6	6	6
卵磷脂	4	4	4	4	4
酵母粉	2	2	2	2	2
氯化胆碱	1	1	1	1	1
维生素预混料[a]	0.19	0.19	0.19	0.19	0.19
矿物质预混料[b]	0.5	0.5	0.5	0.5	0.5
牛磺酸	0	0.8	1.6	2.4	3.2
甘氨酸	3.2	2.4	1.6	0.8	0

（续）

原料	组　别				
	T1	T2	T3	T4	T5
营养水平（%干物质）					
粗蛋白	46.22	46.71	47.12	46.34	46.82
粗脂肪	8.92	9.15	9.2	9.07	8.98
粗灰分	7.83	7.77	7.46	7.35	7.51

注：a 维生素预混料（g/kg预混合物）：维生素A，1 000 000 IU；维生素 D_3，300 000 IU；维生素E，4 000 IU；维生素 K_3，1 000 mg；维生素 B_1，2 000 mg；维生素 B_2，1 500 mg；维生素 B_6，1 000 mg；维生素 B_{12}，5 mg；烟酸，1 000 mg；维生素C，5 000 mg；泛酸钙，5 000 mg；叶酸，100 mg；肌醇，10 000 mg；载体葡萄糖及水≤10%。

b 矿物质预混料（mg/40 g预混合物）：氯化钠，107.79；七水硫酸镁，380.02；二水磷酸氢钠，241.91；磷酸二氢钾，665.20；二水磷酸钙，376.70；柠檬酸铁，82.38；乳酸钙，907.10；氢氧化铝，0.52；七水硫酸锌，9.90；硫酸铜，0.28；七水硫酸锰，2.22；碘酸钙，0.42；水合硫酸钴，2.77。

（3）饲养管理　试验设置5个处理组，每个处理3个平行，共15个200 L方形聚乙烯水槽，所有水槽位置随机分配。试验开始前，停食24 h，随机挑选大小均匀、体格健壮且无伤的许氏平鲉幼鱼120尾，随机平均分配到15个水槽中，每个水槽15尾许氏平鲉幼鱼。每天8：00和17：00投喂各组试验饲料至表观饱食，每天18：30进行换水，换水量为总水体的1/3，每天上午投喂前吸底清理粪便。24 h连续充气。试验期间及时捞出死亡鱼体并记录体重，每天测定水体温度17.0～19 ℃，溶解氧浓度大于6 mg/L，pH为7.3～7.8。

（4）样品采集　试验结束后，停止投喂24 h后，对各组试验鱼进行称重计数。生长指标测定——增重率（BWG,%）、特定生长率（SGR,%/d）、饲料系数（FCR）、肥满度（CF）计算公式为：

$$BWG = 100 \times (W_t - W_0)/W_0$$

$$SGR = 100 \times (\ln W_t - \ln W_0)/t$$

$$FCR = F/(W_t - W_0)$$

$$CF = 100 \times W_t/L_t^3$$

式中　W_0——试验鱼初始体质量（g）；

　　　W_t——试验鱼终末体质量；

F——饲料摄入量干质量；

L_t——试验鱼终末体长；

t——试验时间（d）。

（5）数据处理 试验数据以平均值±标准误（Mean±SE）表示。使用 SPSS 21.0 软件对试验数据进行单因素方差分析（One‐way ANOVA）。若结果差异显著（$P<0.05$），采用 Duncan 法进行分析。

2. 结果 饲料中添加牛磺酸，对许氏平鲉幼鱼的生长指标和形态学指标的影响见表3‐4。经单因素方差分析，随着饲料中牛磺酸水平的升高，增重率（BWG）、特定生长率（SGR）均先升高后降低，在 T2 组出现峰值并显著高于其他各组（$P<0.05$）；饲料系数呈现先降后升的趋势；T2 组显著低于其他各组（$P<0.05$）；不同牛磺酸添加水平对许氏平鲉幼鱼脏体比（VSI）和肥满度（CF）无显著影响（$P>0.05$）。

表3‐4 不同牛磺酸水平对许氏平鲉生长性能及形态学指标的影响

生长指标	T1（对照）	T2	T3	T4	T5
初始体重 IBW（g）	36.24±0.89	36.50±1.01	36.63±0.98	36.19±0.93	36.75±1.13
终末体重 FBW（g）	43.61±2.89[a]	56.94±3.44[b]	48.52±1.85[ab]	50.17±0.21[ab]	47.59±1.10[a]
增重率 BWG（%）	20.33±7.98[a]	57.07±9.48[b]	33.57±5.07[ab]	38.62±0.57[ab]	31.35±3.03[a]
特定生长率 SGR（%/d）	0.32±0.12[a]	0.80±0.11[b]	0.52±0.07[ab]	0.59±0.01[ab]	0.49±0.04[ab]
饲料系数 FCR	1.97±0.41[a]	0.91±0.07[b]	1.36±0.09[ab]	1.45±0.21[ab]	1.57±0.08[ab]
脏体比 VSI（%）	7.92±1.09	7.69±0.94	7.65±0.74	7.70±1.08	6.96±0.19
肥满度 CF（%）	1.41±0.05	1.42±0.07	1.33±0.02	1.38±0.01	1.37±0.03

注：同行中标有不同小写字母者，表示组间有显著性差异（$P<0.05$）；标有相同小写字母者，表示组间无显著性差异（$P>0.05$）。

3. 讨论 牛磺酸作为鱼体的一种条件性限制氨基酸，调控机体对蛋白质的吸收效率，合成牛磺胆酸促进脂肪乳化以及调节血糖浓度，是鱼体生长发育过程中重要的营养因子。鱼粉中牛磺酸含量远高于植物蛋白，因此，当配合饲料中植物蛋白占比过高时，添加一定量的牛磺酸，使水产动物的生长性能达到最佳是可行的。本试验中，在许氏平鲉幼鱼饲料中添加牛磺酸，可提高幼鱼的终末体重、增重率和特定生长率，其中投喂 T2 组饲料的许氏平鲉幼鱼的增重率和特定生长率达到峰值，同时饲料系数降到最低，表明牛磺酸可能提高了鱼体对高植物蛋白饲料消化吸收的能力，这与在大菱鲆、军曹鱼和黄鳝低鱼粉或无鱼粉饲料中添加牛磺酸的研究结果相符。但 T2~T4 组的增重率呈下降趋势，表明过高的牛磺酸会对机体的生长发育有抑制作用。据相关研究表明，过量的牛磺酸会造成饲料酸性偏高，适口性下降，从而影响鱼类的生长发育。本试验结果与周婧在红鳍东方鲀幼鱼低鱼粉饲料中添加牛磺酸的研究结果一致。在此试验中，投喂牛磺酸含量为 0.8% 的配合饲料，可显著提高许氏平鲉幼鱼的生长性能。

第三节　饲料中添加牛磺酸对红鳍东方鲀生长指标的影响

≫ 饲料中添加牛磺酸对红鳍东方鲀生长、氨基酸组成和热应激能力的影响

牛磺酸，又称牛胆素、牛胆碱，化学名为 2-氨基乙磺酸，作为条件性必需氨基酸被广泛应用于水产饲料中。红鳍东方鲀（*Takifugu rubripes*）属鲀形目（Tetraodontiformes）、鲀科（Tetraodontidae）、东方鲀属（*Takifugu*），主要分布于中国沿海、日本和朝鲜半岛。目前，国内外对于饲料中添加牛磺酸对水产动物的报道比较多，对红鳍东方鲀的研究主要集中在生态学、遗传学和繁育学等方面。但有关牛磺酸对红鳍东方鲀幼鱼的营养、生理效应方面的研究尚未明确。因此，研究以红鳍东方鲀幼鱼为试验对象，研究在低鱼粉饲料中不同水平的牛磺酸对红鳍东方鲀幼鱼生长的影响，旨在为确定红鳍东方鲀饲料中牛磺酸的适宜添加量，为以后对红鳍东方鲀配合饲料中氨基酸平衡配比以及红鳍东方鲀生长的研究提供理论依据。

1. 材料与方法

（1）材料　红鳍东方鲀幼鱼购自大连天正实业有限公司，投喂对照组饲料暂养 2 周，以适应实验室养殖条件。养殖试验共进行 56 d。

（2）试验饲料的制备　饲料配方参照谭北平等对红鳍东方鲀营养需求的研究，以酪蛋白和鱼粉作为主要蛋白质源，以鱼油和大豆卵磷脂作为脂肪源，配

制牛磺酸水平分别为 0（T1，对照）、0.5%（T2）、1.0%（T3）、2.0%（T4）和 5.0%（T5）的 5 种等能量的低鱼粉试验饲料，具体配方及营养成分见表 3-5。甘氨酸的含量相应随饲料牛磺酸含量的增加而减少，以保证各试验组饲料中的含氮量一致。所有原料粉碎后过 60 目筛，按照配方配制、充分混合均匀，混匀的过程中加入适量的水，使其黏合度适宜，经旋转挤压制粒机制成直径 4 mm 的软颗粒饲料，在 −20 ℃下保存备用，以预防脂类物质的过氧化而导致变质。

表 3-5 试验饲料组成（g/100 g 干物质基础）

原　料	组别				
	T1（对照）	T2	T3	T4	T5
鱼粉[a]	15	15	15	15	15
磷虾粉	5	5	5	5	5
豆粕[b]	10	10	10	10	10
小麦粉[c]	9	9	9	9	9
玉米蛋白粉	10	10	10	10	10
啤酒酵母	2	2	2	2	2
α-淀粉	8	8	8	8	8
羧甲基纤维素	2.4	2.4	2.4	2.4	2.4
大豆卵磷脂	5	5	5	5	5
鱼油	5	5	5	5	5
螺旋藻	1	1	1	1	1
甜菜碱	0.3	0.3	0.3	0.3	0.3
胆碱	0.3	0.3	0.3	0.3	0.3
维生素预混料[d]	1	1	1	1	1
矿物质预混料[e]	1	1	1	1	1
酪蛋白	20	20	20	20	20
牛磺酸	0	0.5	1	2	5
甘氨酸	5	4.5	4	3	0
合计	100	100	100	100	100

原　料	组别				
	T1（对照）	T2	T3	T4	T5
营养水平（%干物质，除了水分）					
水分	31.33	29.00	31.76	30.80	31.04
粗蛋白	47.28	48.25	47.94	47.56	47.84
粗脂肪	14.69	14.01	14.54	14.2	14.12
粗灰分	7.26	7.33	7.47	7.58	7.70
牛磺酸	0.06	0.63	1.19	2.08	4.91

注：[a] 鱼粉：蛋白质含量为65%。

[b] 豆粕：蛋白质含量为40%。

[c] 小麦粉：蛋白质含量为18%。

[d] 维生素预混料（g/kg预混合物）：维生素 A，1 000 000 IU；维生素 D_3，300 000 IU；维生素 E，4 000 IU；维生素 K_3，1 000 mg；维生素 B_1，2 000 mg；维生素 B_2，1 500 mg；维生素 B_6，1 000 mg；维生素 B_{12}，5 mg；烟酸，1 000 mg；维生素 C，5 000 mg；泛酸钙，5 000 mg；叶酸，100 mg；肌醇，10 000 mg；载体葡萄糖及水≤10%。

[e] 矿物质预混料（mg/40 g预混合物）：氯化钠，107.79；七水硫酸镁，380.02；二水磷酸氢钠，241.91；磷酸二氢钾，665.20；二水磷酸钙，376.70；柠檬酸铁，82.38；乳酸钙，907.10；氢氧化铝，0.52；七水硫酸锌，9.90；硫酸铜，0.28；七水硫酸锰，2.22；碘酸钙，0.42；水合硫酸钴，2.77。

（3）饲养管理　试验设置5个处理组，每个处理3个平行，共15个200 L方形聚乙烯水槽，所有水槽位置随机分配。试验开始前，停食24 h，随机挑选大小均匀、体格健壮且体表无伤，初始体重为（32.28±0.20）g的红鳍东方鲀幼鱼225尾，随机平均分配到15个水槽中，每个水槽15尾红鳍东方鲀幼鱼。每天8：00和17：00投喂各组试验饲料至表观饱食，9：30和18：30换水，换水量为总水体的2/3，每天上午投喂前吸底清理粪便。24 h连续充气，7：00～19：00日光灯照明，保持试验环境每天12 h光照、12 h黑暗。试验期间及时捞出死亡鱼体并记录体重，每天通过 YSI 多参数水质测量仪（购自上海捷辰仪器有限公司）测定水体温度23.0～24.5 ℃，溶解氧浓度大于6 mg/L，pH 为7.3～7.8（图3-2）。

（4）样品采集与指标测定　养殖试验结束后，红鳍东方鲀在取样前饥饿24 h，以排空肠道内容物。在采样前，红鳍东方鲀幼鱼用MS-222（50 mg/L）进行麻醉。用纱布将鱼体体表的水分擦干，分别测量鱼体重和体长，用于计算

图 3-2　红鳍东方鲀养殖环境

体增重率、特定生长率等生长指标。根据之前记录和最终测得的数据，计算增重率（Body weight gain，BWG）、特定生长率（Specific growth rate，SGR）、摄食量（Feed intake，FI）、饲料系数（Feed conversion ratio，FCR）、蛋白质效率（Protein efficiency ratio，PER）、肝体比（Hepatosomatic index，HSI）、脏体比（Viscerosomatic index，VSI）、肥满度（Condition factor，CF）。计算公式为：

增重率（BWG，%）＝[（每尾鱼最终体重－每尾鱼初始体重）/每尾鱼初始体重]×100

特定生长率（SGR，%/d）＝[ln（每尾鱼最终体重）－ln（每尾鱼初始体重）]×100/试验天数

摄食量（FI，g/fish）＝总摄食量/[（每箱初始鱼数量＋每箱最终鱼数量）/2]

饲料系数（FCR）＝摄入干饲料质量/（每尾鱼最终体重－每尾鱼初始体重）

蛋白质效率（PER）＝（每尾鱼最终体重－每尾鱼初始体重）/饲料干物质蛋白摄入量

肝体比（HSI，%）＝（每尾鱼的肝脏质量/每尾鱼最终体重）×100

脏体比（VSI，%）＝（每尾鱼的内脏团重/每尾鱼最终体重）×100

肥满度（CF，%）＝（每尾鱼最终体重/每尾鱼的体长 3）×100

（5）数据分析　试验数据以平均值±标准误差（Mean±SD）表示。用SPSS 21.0 软件对数据进行单因素方差分析（One-way ANOVA），数据以均数±标准差（SD）表示。若存在显著差异，则用 Duncan's 法进行处理间多重比较，显著性水平为 $P < 0.05$。

2. 结果　饲料中添加牛磺酸，对红鳍东方鲀幼鱼的生长性能和形态学指

62

标的影响见表3-6所示。经单因素方差分析，饲料中添加牛磺酸，对红鳍东方鲀幼鱼生长性能的影响：随着牛磺酸的添加量从0.0增加到1.0%，终末体重显著增加（$P<0.05$），之后显著降低（$P<0.05$）。在T3组（1.0%）增重率和特定生长率显著升高，达到峰值。摄食量和饲料系数也受饲料中不同牛磺酸水平的影响。随着日粮牛磺酸从0增加到5.0%，摄食量显著升高（$P<0.05$），并且在T5组达到峰值。与其他组相比，1.0%的牛磺酸添加量，饲料系数显著降低（$P<0.05$），但各组间蛋白质效率无显著差异（$P>0.05$）。投喂T3组饲料的红鳍东方鲀幼鱼，肝体比显著低于T1组和T5组（$P<0.05$）。脏体比与肝体比的变化趋势相似，牛磺酸添加量为5.0%时，脏体比T4组有所下降。不同的牛磺酸水平对红鳍东方鲀幼鱼的肥满度无显著影响（$P>0.05$）。

表3-6 不同水平牛磺酸对红鳍东方鲀生长性能以及幼鱼形态学指标的影响

生长指标	T1（对照）	T2	T3	T4	T5
初始体重（g）	31.97 ± 0.15	32.42 ± 1.04	31.98 ± 0.67	31.92 ± 1.01	32.12 ± 0.51
终末体重（g）	65.89 ± 0.88^a	71.68 ± 1.93^b	77.98 ± 0.85^c	66.45 ± 0.15^a	64.66 ± 1.60^a
增重率（%）	105.89 ± 2.69^{ab}	120.00 ± 9.37^b	145.47 ± 4.10^c	109.02 ± 0.88^{ab}	102.90 ± 0.63^a
特定生长率（%/d）	1.21 ± 0.05^{ab}	1.35 ± 0.02^b	1.68 ± 0.03^c	1.32 ± 0.01^{ab}	1.16 ± 0.16^a
摄食量（g）	48.61 ± 0.85^a	49.84 ± 1.13^{ab}	52.53 ± 0.30^b	52.45 ± 0.76^b	58.13 ± 2.30^c
饲料系数	1.34 ± 0.07^b	1.12 ± 0.13^{ab}	1.00 ± 0.04^a	1.36 ± 0.02^b	1.73 ± 0.16^c
蛋白质效率（%）	0.09 ± 0.01	0.11 ± 0.01	0.13 ± 0.01	0.15 ± 0.05	0.11 ± 0.01
肝体比（%）	9.80 ± 0.93^b	8.86 ± 0.20^b	7.25 ± 0.33^a	8.60 ± 0.08^b	9.50 ± 0.67^b
脏体比（%）	15.57 ± 0.11^b	15.40 ± 0.15^b	14.76 ± 0.16^a	15.21 ± 0.34^{ab}	14.77 ± 0.18^a
肥满度（%）	2.90 ± 0.09	2.96 ± 0.18	3.07 ± 0.13	3.02 ± 0.04	2.93 ± 0.18

注：同行中标有不同小写字母者，表示组间有显著性差异（$P<0.05$）；标有相同小写字母者，表示组间无显著性差异（$P>0.05$）。

3. 讨论 研究表明，鱼粉中每100 g干物质约含有300 mg的牛磺酸；而植物蛋白质如豆粕，仅含有微量的牛磺酸。因此，用植物蛋白源替代鱼粉，会导致养殖鱼类摄入牛磺酸水平下降。植物蛋白源对养殖水生动物的影响结果有两种：一是随着饲料中植物蛋白含量在一定范围内时，水产动物的生长性能及生理生化指标没有明显下降，但当饲料中植物蛋白含量超过该范围，发生急剧下降；二是当饲料中含一定比例的植物蛋白时，加入一定量的饲料添加剂，使水产动物的生长性能达到最佳效果。在试验研究中，当红鳍东方鲀幼鱼饲料中牛磺酸水平分别在 T2～T4 组时，均提高了红鳍东方鲀幼鱼的终末体重、增重率和特定生长率。但饲料中牛磺酸水平在 T5 组时，红鳍东方鲀幼鱼的终末体重、增重率和特定生长率与对照组相比反而下降，投喂 T3 组饲料的红鳍东方鲀幼鱼的增重率和特定生长率达到峰值，但饲料系数最低。这表明，低鱼粉饲料中添加牛磺酸，与红鳍东方鲀幼鱼的生长性能和饲料利用有关。1％的牛磺酸可显著提高红鳍东方鲀幼鱼的生长性能，并能显著改善饲料系数。但随着牛磺酸添加量增加，对生长促进作用表现为下降的趋势，可能低鱼粉饲料中牛磺酸水平过高时会抑制红鳍东方鲀幼鱼的生长。已有研究表明，牛磺酸可提高养殖鱼类的生长性能，如大菱鲆幼鱼的生长性能和饲料效率与牛磺酸呈正相关，军曹鱼、虹鳟、五条鰤（*Seriola quinqueradiata*）、泥鳅和黄鳝（*Monopterus albus*）的生长性能，通过在以植物蛋白为主的饲料中添加牛磺酸得到改善。但不同鱼种饲料中的牛磺酸，最适生长的添加量是不同的。牛磺酸由于其水溶性和酸性，已被用作欧洲鲈的主要诱食剂。在本试验研究中，随着日粮牛磺酸从 0 增加到 5.0％，红鳍东方鲀幼鱼的摄食量逐渐增加。T5 组的红鳍东方鲀幼鱼摄食量最高，这表明牛磺酸对红鳍东方鲀产生有效的刺激作用，从而促进了红鳍东方鲀幼鱼的摄食活动。通过补充牛磺酸来增加采食量和饲料利用率，这与生长结果相符。在本研究中，与最适牛磺酸添加量（1.0％）相比，过量的牛磺酸添加量（2.0％和 5.0％）引起生长抑制。在本试验条件下，投喂添加 1.0％的牛磺酸饲料，显著提高了红鳍东方鲀幼鱼的生长性能。Pinto 等研究表明，可能原因是过量的外源性牛磺酸被排出，以使体内牛磺酸保持在最适浓度。

牛磺酸可通过降脂、保护肝细胞膜、抑制肝细胞凋亡、抗氧化和抗纤维化等环节保护肝脏。杨建新等发现，牛磺酸治疗非酒精性脂肪肝具有明显效果。王芙蓉和黄晓亮等分别发现，在饲料中添加牛磺酸，提高了鹌鹑和肉鸡肝脏中肝脂酶和脂蛋白脂肪酶的活性，使肝脏中的甘油三酯含量降低。尽管在本试验中未测定与红鳍东方鲀幼鱼肝脏中的脂质代谢相关的关键酶的活性，但本研究的结果显示，饲料添加牛磺酸显著降低了红鳍东方鲀幼鱼的肝体比和脏体比，表明牛磺酸减少了肝脏中脂质的沉积。

第四节　牛磺酸对其他水产动物的影响

》 一、饲料中添加牛磺酸对鲫生长性能的影响

在鲫（*Carassius auratus*）基础饲粮中，添加牛磺酸的剂量分别为 0.0（对照）、1.0、2.5、4.0、6.0 以及 9.0 g/kg（实际含量为 2.1、2.99、4.4、5.7、7.5、10.1 g/kg）。当牛磺酸添加量为 6.0 g/kg 时，鲫的增重率、特定生长率、饲料系数显著高于其他处理组；当牛磺酸添加量为 4.0 g/kg 和 6.0 g/kg 时，蛋白质效率显著高于其他处理组。

在饲料中添加一定剂量的牛磺酸，对鲫有明显的促生长和促进饲料利用的作用，尤其 6.0 g/kg（实际含量 7.5 g/kg）牛磺酸处理组的生产指标最优。

》 二、饲料中添加牛磺酸对鲤生长性能的影响

在鲤（*Cyprinus carpio*）基础饲粮中，添加牛磺酸的剂量分别为 0（对照）、1.0%、5.0%。饲养 120 d 后，各组鲤体重和体长均无显著差异；鲤肌肉中粗蛋白、水分和灰分的含量差异不显著，粗脂肪含量与饲料中牛磺酸含量呈反比。饲料添加牛磺酸量 1.0% 和 5.0% 的鲤肌肉中，牛磺酸含量显著高于对照组。

鲤粗脂肪含量随着饲料牛磺酸含量增加而减少的原因可能是：由于补充外源性牛磺酸的摄入量，可以相应地减少鲤体内牛磺酸的生物合成，使更多的含硫氨基酸参与蛋白质的合成，提高蛋白质的利用率；此外，牛磺酸还可以与胆酸结合形成胆汁酸盐，促进脂肪及脂溶性物质的消化吸收，从而降低肌肉中粗脂肪的含量。

》 三、饲料中添加牛磺酸对黄颡鱼生长性能的影响

在黄颡鱼（*Pelteobagrus fulvidraco*）基础饲料中，牛磺酸添加实际含量为 0.02%（对照）、0.48%、1.09%、1.60%、2.13% 和 2.55% 时，黄颡鱼的生长性能、饲料利用率和比生长速率与日粮中牛磺酸添加量呈正比；而肝体比

和全身脂肪含量与日粮牛磺酸添加量呈反比。当牛磺酸含量为 0.02％时，饲料系数最高。黄颡鱼肌肉中粗蛋白和灰分含量无显著差异。黄颡鱼肝脏中牛磺酸含量随日粮牛磺酸水平的增加而显著增加。

牛磺酸可能会干扰鱼类的脂质代谢，饲喂牛磺酸含量为 0.02％和 0.48％的饲料的黄颡鱼，在所有组中表现出最高的肝体指数。同时，饲喂 0.02％～0.48％牛磺酸饲料的鱼，全身脂肪含量显著高于饲喂 1.09％～2.55％牛磺酸饲料的鱼。

>> 四、饲料中添加牛磺酸对大菱鲆生长性能的影响

在大菱鲆（*Scophthalmus maximus*）基础饲料中，添加 0（对照）、1％、2％牛磺酸（饲料中实际牛磺酸含量为 0.08％、0.48％、1.06％）。饲料中牛磺酸含量为 0.48％和 1.06％时，可显著提高大菱鲆幼鱼的增重率与特定生长率，且与饲料中牛磺酸含量呈正比。大菱鲆幼鱼的摄食率随着饲料中牛磺酸含量的升高而升高，且 1.06％牛磺酸组摄食率显著高于对照组；饲料中牛磺酸含量为 0.48％和 1.06％时，大菱鲆幼鱼的饲料效率显著高于对照组；饲料中牛磺酸含量为 0.48％和 1.06％时，蛋白效率比显著高于对照组；1.06％牛磺酸组的蛋白质沉积率显著高于对照组。

饲料中牛磺酸含量为 1.06％时，更接近大菱鲆需求量，可满足其最大生长需求，因此获得最高的特定生长率。也有研究表明，初重 6.3 g、48.0 g 和165.9 g 大菱鲆饲料中牛磺酸的最适添加量分别为 1.0％、1.0％和 0.5％。饲料中过量的牛磺酸会抑制大菱鲆的摄食。饲料中的牛磺酸浓度与鱼体及组织中的牛磺酸含量存在显著剂量相关性。

>> 五、饲料中添加牛磺酸对牙鲆生长性能的影响

以鱼粉为主要蛋白源的牙鲆（*Paralichthys olivaceus*）基础日粮（粗蛋白含量为 55％和粗脂肪含量为 10％），A 组：牙鲆幼鱼平均体重 0.3 g，分别添加 0、0.5％、1.5％牛磺酸（实际牛磺酸含量 1.0 g、2.0 g、2.4 g）。发现投喂牛磺酸添加量为 1.5％和 0.5％的日粮的牙鲆幼鱼，增重率显著高于牛磺酸添加量为 0 的饲料组。同时，终末体重、增重率和饲料利用率与试验日粮中牛磺酸含量呈正比。B 组：牙鲆幼鱼平均体重 3.7 g，分别添加 0、1.5％牛磺酸。

投喂牛磺酸添加量为 0 的饲料的牙鲆幼鱼，饲料利用率显著低于添加量为 1.5％的牛磺酸饲料组，增重率无显著差异。

结合 A 组和 B 组发现，体型较小（0.3 g）的牙鲆对牛磺酸的需求量较大，而体型较大的牙鲆幼鱼（3.7 g）对牛磺酸需求量有所降低。还有研究表明，牛磺酸在牙鲆幼鱼期（0.4 g）有重要作用，但对鱼种（14.7 g）的生长没有明显的促进作用。这说明牛磺酸是牙鲆幼鱼个体发育过程中的一种条件必需氨基酸。

》 六、饲料中添加牛磺酸对鲈生长性能的影响

在鲈（*Lateolabrax japonicus*）基础饲料中，添加 0（对照）、1.0％牛磺酸、2.0％牛磺酸，0.5％蛋氨酸，0.5％半胱氨酸，制作 5 种等氮等脂的试验饲料。经过 70 d 的养殖试验，5 个组鲈幼鱼的成活率、饲料效率无显著差异；添加 1％和 2％牛磺酸饲料组、0.5％蛋氨酸饲料组及 0.5％半胱氨酸饲料组的终末体重、特定生长率、摄食率及增重率，均显著高于对照组。

饲料中添加牛磺酸、蛋氨酸和半胱氨酸，均显著提高鲈幼鱼的终末体重、特定生长率、摄食率及增重率，而各组之间饲料效率无显著差异。说明试验组之间的生长差异，可能是由摄食率的变化引起的。饲料中添加牛磺酸、蛋氨酸和半胱氨酸，不仅提高了饲料的营养价值，同时还提高了饲料适口性，改善了动物的摄食状况，从而提高摄食率；牛磺酸具有诱食作用，在高植物蛋白饲料中添加牛磺酸，可以提高摄食率，进而改善生长。

》 七、饲料中添加牛磺酸对花鲈生长性能的影响

在花鲈（*Lateolabrax maculatus*）基础饲料中，牛磺酸添加量为 0（对照）、0.4％、0.8％、1.2％、1.6％。所有牛磺酸添加组花鲈的增重率和特定生长率均大于对照组。当牛磺酸添加量超过 0.8％时，花鲈的增重率和特定生长率均呈下降趋势。牛磺酸添加 0.8％、1.2％、1.6％组饲料系数均显著小于对照组，所有牛磺酸添加组摄食率显著大于对照组。各组花鲈成活率、肝体比和肥满度的差异均不显著。以牛磺酸为自变量（x）、花鲈增重率为因变量（y），对两者进行线性回归分析，得出花鲈饲料中牛磺酸的最适添加量为 0.85％。

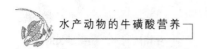
当牛磺酸添加量超过 0.8％时，花鲈的摄食率和增重率均呈下降趋势。这表明过量添加牛磺酸，在一定程度上会抑制花鲈摄食和生长。原因可能为：当饲料牛磺酸含量过高时，鱼类为了维持体内适宜的牛磺酸水平，需排出过多的牛磺酸，导致机体耗能增加，从而使生长性能下降；或由于牛磺酸呈微酸性，过量添加牛磺酸，可能导致饲料酸性偏高，影响了试验鱼对饲料的适口性。

>> 八、饲料中添加牛磺酸对尖齿胡鲶生长性能的影响

在尖齿胡鲶（*Clarias gariepinus*）基础饲料中，添加 0（对照）、10、20、30、40 g/kg 的牛磺酸（实际牛磺酸含量为 0.9、11.2、21.6、32.5、41.9 g/kg）。饲喂不同水平牛磺酸 12 周的尖齿胡鲶，随着日粮中牛磺酸水平（10～40 g/kg）的增加，鱼体生长和采食量显著增加，并且以 20 g/kg 牛磺酸饲料组的鱼表现最佳。同样，喂食富含牛磺酸的饲料的鱼，较对照组消耗更多的饲料，尤其是在 20、30 g/kg 牛磺酸饲料水平下。补充牛磺酸，对尖齿胡鲶存活率没有显著影响。

结果表明，日粮中添加牛磺酸，能显著提高尖齿胡鲶的生长性能和饲料利用率。牛磺酸是尖齿胡鲶生长的有利因素，应以 20 g/kg 的最佳水平加入日粮中。

>> 九、饲料中添加牛磺酸对南美白对虾生长性能的影响

用添加 0、500、1 000 和 2 000 mg/kg 牛磺酸的、鱼粉用量为 22％的 4 种饲料养殖南美白对虾（*Litopenaeus Vannamei*），对虾的存活率、特定生长率以及饲料利用率均无显著影响。也有研究发现，用牛磺酸实际含量为 1.42、3.07、4.37、5.79 和 7.48 mg/g 的 5 种低鱼粉饲料（鱼粉含量 10％），喂养淡水环境下的南美白对虾，虽然 4.37 和 5.79 mg/g 组对虾的生长性能略好，但与其他组差异不显著。

饲料中添加牛磺酸，未能对南美白对虾的生长性能有明显促进作用。推测一方面，或许南美白对虾具有较强的合成牛磺酸的能力；另一方面，南美白对虾在淡水养殖条件下对牛磺酸的需求量低。

>> 十、饲料中添加牛磺酸对克氏原螯虾生长性能的影响

在克氏原螯虾（*Procambarus clarkii*）基础饲料中，牛磺酸的添加量分别

为 0、100、200、300、400 mg/kg，制作 5 种不同牛磺酸含量的等氮等能饲料。持续养殖 4 周。其中，添加 200、300 mg/kg 牛磺酸，对克氏原螯虾有明显的促生长效果。300 mg/kg 组的增重率、成活率以及出肉率分别较对照组提高了 31.85%、23.41%、26.35%，饲料系数较对照组降低了 22.17%；200 mg/kg 组的增重率和出肉率分别较对照组提高了 17.18% 和 18.27%；100 和 400 mg/kg 组的增重率、成活率、出肉率、饲料系数，与对照组的差异不显著。

当添加量为 200～300 mg/kg 时，饲料表达的效果显著高于对照组。故建议在克氏原螯虾全价配合饲料中，牛磺酸的最适添加量为 200～300 mg/kg。

》 十一、饲料中添加牛磺酸对中华绒螯蟹生长性能的影响

在中华绒螯蟹（*Eriocheir sinensis*）基础饲料（粗蛋白质含量为 36.68% 和粗脂肪含量为 7.82%）中，分别添加 0、0.2%、0.4%、0.8% 和 1.6% 的牛磺酸。在 65 d 饲养试验结束时，饲喂 0.4% 牛磺酸饲料的蟹终末体重、增重和比生长率最高，而饲料系数最低。添加 0.4% 和 0.8% 牛磺酸的蟹体壳长和壳宽增长率显著高于其他各组。

在饲料中添加一定剂量的牛磺酸，对中华绒螯蟹有明显的促生长和促进饲料利用的作用。尤其是牛磺酸添加量 0.4% 和 0.8% 组，生产指标最优。

⬤ **参考文献**

艾庆辉，谢小军，2005. 水生动物对植物蛋白源利用的研究进展 [J]. 中国海洋大学学报（自然科学版），35（6）：929-935.

陈超，陈京华，2012. 牛磺酸、晶体氨基酸对大菱鲆摄食、生长和饲料利用率的影响 [J]. 中国农学通报，28（23）：108-112.

高春生，范光丽，王艳玲，2007. 牛磺酸对黄河鲤鱼生长性能和消化酶活性的影响 [J]. 中国农学通报，23（6）：645-647.

郭斌，梁萌青，徐后国，等，2018. 饲料中添加牛磺酸对红鳍东方鲀幼鱼生长性能、体组成和肝脏中牛磺酸合成关键酶活性的影响 [J]. 动物营养学报，30（11）：4580-4588.

孔圣超，萧培珍，朱志强，等，2020. 牛磺酸对克氏原螯虾生长性能、非特异性免疫以

及肝胰脏抗氧化能力的影响 [J]. 中国农学通报，36（11）：136-141.

李航，黄旭雄，王鑫磊，等，2017. 饲料中牛磺酸含量对淡水养殖凡纳滨对虾生长、体组成、消化酶活性及抗胁迫能力的影响 [J]. 上海海洋大学学报，26（5）：706-715.

李昭林，2016. 低鱼粉饲料中添加牛磺酸对黄鳝生长、免疫及代谢的影响 [D]. 长沙：湖南农业大学.

柳茜，梁萌青，郑珂珂，等，2017. 牛磺酸及相关氨基酸对大菱鲆幼鱼生长性能及 TauT mRNA 表达的影响 [J]. 水生生物学报，41（1）：165-173.

刘兴旺，李晓宁，朱琳，2011. 南美白对虾饲料中添加牛磺酸效果的研究 [J]. 中国饲料（21）：35-36.

罗莉，王琳，龙勇，等，2005. 牛磺酸对草鱼生长效应研究 [J]. 饲料工业，26（12）：22-24.

骆艺文，艾庆辉，麦康森，等，2013. 饲料中添加牛磺酸和胆固醇对军曹鱼生长、体组成和血液指标的影响 [J]. 中国海洋大学学报（自然科学版），43（8）：31-36.

王银东，陈路，王永杰，等，2016. 牛磺酸对泥鳅生长性能与抗氧化能力的影响 [J]. 长江大学学报（自科版）（9）：33-37.

齐国山，2012. 饲料中牛磺酸、蛋氨酸、胱氨酸、丝氨酸和半胱胺对大菱鲆生长性能及牛磺酸合成代谢的影响 [D]. 青岛：中国海洋大学.

邱小琮，赵红雪，魏智清，2006. 牛磺酸对鲤鱼诱食活性的初步研究 [J]. 河北渔业（8）：10-11.

伍琴，唐建洲，刘臻，等，2015. 牛磺酸对鲫鱼（*Carassius auratus*）生长、肠道细胞增殖及蛋白消化吸收相关基因表达的影响 [J]. 海洋与湖沼，46（6）：1516-1523.

徐奇友，许红，郑秋珊，等，2007. 牛磺酸对虹鳟仔鱼生长、体成分和免疫指标的影响 [J]. 动物营养学报，19（5）：544-548.

虞为，杨育凯，林黑着，等，2021. 牛磺酸对花鲈生长性能、消化酶活性、抗氧化能力及免疫指标的影响 [J]. 南方水产科学，17（2）：78-86.

赵小锋，王治业，周剑平，等，2007. 牛磺酸对鲫鱼脂肪消化吸收的影响 [J]. 水产科学，26（8）：453-454.

赵月，2020. 饲料中添加不同水平牛磺酸对刺参（*Apostichopus japonicus*）生长、抗氧化、免疫及抗应激能力的影响 [D]. 大连：大连海洋大学.

张小龙，邓欢，陈澄，等，2013. 牛磺酸转运体的调节机制及其在动物营养研究中的意义 [J]. 动物营养学报，25（10）：2222-2230.

周铭文，王和伟，叶继丹，2015. 饲料牛磺酸对尼罗罗非鱼生长、体成分及组织游离氨

基酸含量的影响 [J]. 水产学报，39（2）：213-223.

Chen S G，Xue C H，Yin L A，et al.，2011. Comparison of structures and anticoagulant activities of fucosylated chondroitin sulfates from different sea cucumbers [J]. Carbohydrate Polymers，83（2）：688-696.

Gaylord T G，Barrows F T，Teague A M，et al.，2007. Supplementation of taurine and methionine to all-plant protein diets for rainbow trout（*Oncorhynchus mykiss*）[J]. Aquaculture，269（1）：514-524.

Gaylord T G，Teague A M，Barrows F T，2006. Taurine supplementation of all-plant protein diets for rainbow trout（*Oncorhynchus mykiss*）[J]. Journal of the World Aquaculture Society，37：509-517.

Jing D，Cheng R，Yang Y，et al.，2018. Effects of dietary taurine on growth，non-specific immunity，anti-oxidative properties and gut immunity in the Chinese mitten crab *Eriocheir sinensis* [J]. Fish & Shellfish Immunology，82：212-219.

Jose B M，Chatzifotis S，Divanach P，et al.，2004. Effect of dietary taurine supplementation on growth performance and feed selection of sea bass *Dicentrarchus labrax* fry fed with demand feeders [J]. Fisheries Science，70（1）：74-79.

Kim S K，Takeuchi T，Akimoto A，et al.，2010. Effect of taurine supplemented practical diet on growth performance and taurine contents in whole body and tissues of juvenile Japanese flounder *Paralichthys olivaceus* [J]. Fisheries Science，71（3）：627-632.

Kim S K，Takeuchi T，Yokoyama M，et al.，2005. Effect of dietary taurine levels on growth and feeding behavior of juvenile Japanese flounder *Paralichthys olivaceus* [J]. Aquaculture，250：765-774.

Kuz'Mina V V，Gavrovskaia L K，Ryzhova O V，2010. Taurine effect on exotrophia and metabolism in mammalsand fish [J]. Journal of Evolutionary Biochemistry and Physiology，46（1）：19-27.

Li P，Mai K，Trushenski J，et al.，2009. New developments in fish amino acid nutrition：Towards functional and environmentally oriented aquafeeds [J]. Amino Acids，37：43-53.

Lim S J，Oh D H，Khosravi S，et al.，2013. Taurine is an essential nutrient for juvenile parrot fish *Oplegnathus fasciatus* [J]. Aquaculture，414-415：274-279.

Liu Y，Mao X B，Yu B，et al.，2014. Excessive dietary taurine supplementation reduces growth performance，liver and intestinal health of weaned pigs [J]. Livestock Science，

168：109－119.

Lunger A N, McLean E, Gaylord T G, et al., 2007. Taurine supplementation to alternative dietary proteins used in fish meal replacement enhances growth of juvenile cobia (*Rachycentron canadum*) [J]. Aquaculture, 271, 401－410.

Martinez J B, Chatzifotis S, Divanach P, et al., 2004. Effect of dietary taurine supplementation on growth performance and feed selection of sea bass *Dicentrarchus labrax* fry fed with demand－feeders [J]. Fisheries Science, 70：74－79.

Matsunari H, Hama K, Mushiake K, et al., 2010. Effects of taurine levels in broodstock diet on reproductive performance of yellowtail *Seriola quinqueradiata* [J]. Fisheries Science, 72 (5)：955－960.

Matsunari H, Takeuchi T, Takahashi M, et al., 2005. Effect of dietary taurine supplementation on growth performance of yellow tail juveniles *Seriola quinqueradiata* [J]. Fisheries Science, 71 (5)：1131－1135.

Matsunari H, Yamamoto T, Kim S K, et al., 2008. Optimum dietary taurine level in casein－based diet for juvenile red sea bream *Pagrus major* [J]. Fisheries Science, 74：347－35.

Ming L, Hang L, Li Q, et al., 2016. Effects of dietary taurine on growth, immunity and hyperammonemia in juvenile yellow catfish *Pelteobagrus fulvidraco* fed all－plant protein diets [J]. Aquaculture, 450：349－355.

Pinto W, Figueira L, Santos A, et al., 2013. Is dietary taurine supplementation beneficial for gilthead sea bream (*Sparus aurata*) larvae [J]. Aquaculture, 384－387：1－5.

Pinto W, Jordal A E O, Gomes A S, et al., 2012. Cloning, tissue and ontogenetic expression of the taurine transporter in the flatfish Senegalese sole (*Solea senegalensis*) [J]. Amino Acids, 42 (4)：1317－1327.

Qi G, Ai Q, Mai K, et al., 2012. Effects of dietary taurine supplementation to a casein－based diet on growth performance and taurine distribution in two sizes of juvenile turbot (*Scophthalmus maximus* L.) [J]. Aquaculture, 358－359：122－128.

Shi L, Zhao Y, Zhou J, et al., 2020. Dietary taurine impacts the growth, amino acid profile and resistance against heat stress of tiger puffer (*Takifugu rubripes*) [J]. Aquaculture Nutrition, 26 (5)：1691－1701.

Takagi S, Murata H, Goto T, et al., 2010. Necessity of dietary taurine supplementation for preventing green liver symptom and improving growth performance in yearling red sea bream *Pagrus major* fed nonfishmeal diets based on soy protein concentrate [J]. Fisheries Science，76 (1)：119 - 130.

Yamamoto T A，Unuma T A，Akiyama T O.，2000. The influence of dietary protein sources on tissue free amino acid levels of fingerling rainbow trout [J]. Fisheries Science，182 (2)：353 - 372.

Yue Y R，Liu Y J，Tian L X，et al.，2013. The effect of dietary taurine supplementation on growth performance，feed utilization and taurine contents in tissues of juvenile white shrimp (*Litopenaeus vannamei*，Boone，1931) fed with low - fishmeal diets [J]. Aquaculture Research，44 (8)：1317 - 1325.

Yun B，Ai Q，Mai K，et al.，2012. Synergistic effects of dietary cholesterol and taurine on growth performance and cholesterol metabolism in juvenile turbot (*Scophthalmus maximus*) fed high plant protein diets [J]. Aquaculture，324 - 325：85 - 91.

第四章

牛磺酸对水产动物免疫及抗应激能力的影响

第一节　水产动物免疫及抗应激调控的机理

随着水产养殖业的迅速发展，养殖规模日渐扩大。在高密度的集约化人工养殖环境下，水产动物对病原的敏感性大大提高，易造成传染病发生和流行。排除种质本身的问题外，引发一系列病害的主要原因有养殖水环境恶化、化学药品的滥用、养殖用水的污染、转运过程以及饲料品质低劣。在多数情况下，动物的摄食情况间接地反映其健康状态，健康的水产动物在摄食方式上更为主动。能够影响机体免疫和抗应激功能的各因素中，营养调控无疑是最为简便和节约的方法。近年来，通过在饲料中添加一系列免疫增强剂，以提高水产动物抗氧化和免疫能力的研究已被广泛报道。加之国家对于水产添加剂监管力度的进一步加强，推动了营养免疫学的发展，未来，该领域仍具备广阔的研究和市场价值。

免疫是动物的一种生理功能，依靠这种功能识别"自己"和"非己"抗原，从而破坏和排斥进入机体的"非己"抗原（如病菌等）以及机体本身所产生的损伤细胞和肿瘤细胞等，以维持自身的健康。机体免疫的复杂性与进化程度息息相关，一般来说，进化程度越高等的动物，其免疫功能就越完善，免疫机理就越复杂。水产动物由于在分类地位上的不同，相应的免疫能力也存在差异。地球上的生物时刻都在应对富氧环境中的氧化应激，水产动物也不例外。水产动物的非特异性免疫机制，包括血清补体、溶菌酶和转铁蛋白等非特异性体液因子的活动以及巨噬细胞和单核细胞的吞噬活动等，这些免疫机制对于水产动物抵抗病原的侵袭和感染具有重要作用。

≫ 一、棘皮动物的免疫

棘皮动物依靠于自身的先天性免疫，包括细胞免疫和体液免疫。其中，细胞免疫反应由几种体腔细胞完成。体腔细胞能对刺激产生反应，通过吞噬、包囊、细胞毒作用以及合成、分泌凝集素和溶酶体酶等多种抗菌物质的方式，来介导棘皮动物的细胞免疫机制。作为体腔细胞最主要的防御方式，吞噬作用指吞噬细胞对外源入侵因子进行识别和破坏，最终使其降解或排出体外。

棘皮动物体腔液中存在多种体液免疫因子，包括不同类型的凝集素、溶血素、酚氧化酶及其他酶类、补体蛋白等。其中，凝集素在识别外来物质方面起到重要作用；溶血素能够直接接触而破坏细胞膜最终造成外来物质细胞裂解；酚氧化酶可通过多种方式参与宿主防御反应，包括增加吞噬包囊作用、介导凝集反应、产生杀菌物质等；补体系统参与入侵细胞和颗粒的调控，增强了体腔吞噬细胞吞噬外来细胞和外源颗粒的活性，是机体免疫反应的一个重要功能，这种机制类似于高等动物的补体反应。

》 二、鱼类的免疫

相较于低等的无脊椎动物，鱼类的免疫系统则包括特异性和非特异性免疫。鱼类的免疫系统由免疫器官、免疫细胞和体液免疫因子组成。鱼类的免疫器官与组织主要包括胸腺、肾脏、脾脏、黏膜相关淋巴组织。其中，免疫器官分布如图 4-1 所示。学者们

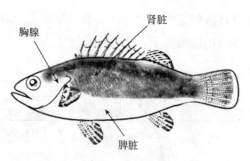

图 4-1　硬骨鱼类体内的重要免疫器官分布

普遍认为，鱼类的胸腺是 T 细胞的来源，并主要承担细胞免疫的功能。肾脏可以产生 B 淋巴细胞和红细胞，而脾脏是中性粒细胞和红细胞产生的主要场所。黏膜相关淋巴组织包括淋巴细胞、巨噬细胞和各类粒细胞等。当鱼体受到抗原刺激时，巨噬细胞可以对抗原进行处理和呈递。

免疫细胞包括两类：一类是参与特异性免疫反应的淋巴细胞；另一类是主要参与非特异免疫的吞噬细胞。淋巴细胞包括 T 淋巴细胞和 B 淋巴细胞。吞噬细胞主要是巨噬细胞和粒细胞，除作为辅助细胞具有特异性免疫功能外，也是组成非特异性防御系统的关键成分。巨噬细胞具有吞噬功能，能分泌许多生物活性物质，包括酶、溶血素、二十碳四烯酸、细胞分裂素和氧化代谢产物

等。当巨噬细胞受病原微生物刺激后，还可产生肿瘤坏死因子（Tumor necrosis factor，TNF），增强巨噬细胞的呼吸爆发作用。

　　鱼类的体液免疫因子包括抗体和非特异性免疫分子。硬骨鱼类体液和细胞中的常见免疫因子如图 4-2 所示。抗体是脊椎动物在对抗原刺激的免疫应答中，由淋巴细胞产生的一类能与相应抗原特异性结合的具有免疫功能的球蛋白（免疫球蛋白）。鱼类的体液、组织和卵中存在多种非免疫球蛋白的蛋白质或糖蛋白分子，包括补体、蛋白酶抑制剂、细胞溶素、凝集素和 C-反应蛋白等，它们在鱼类非特异性防御机制中发挥着重要作用。细胞溶素作用可以通过补体系统介导，也可以通过单一的细胞溶素来完成，鱼类的细胞溶素有水解酶、蛋白酶和一些非特异性溶素。凝集素能够与碳水化合物和糖蛋白结合，从而使外源细胞或微生物发生凝集，或使各种可溶性糖结合物发生沉淀，被认为是机体自然防御机制中原始的识别分子和免疫监督分子。C-反应蛋白能够单独或通过经典途径激活补体系统，来影响吞噬细胞的迁移、吞噬和呼吸爆发，能够辅助补体溶解作用并对自体衰老细胞的组分进行清除。干扰素是鱼体重要的抗病毒感染的防御因子，由白细胞产生。

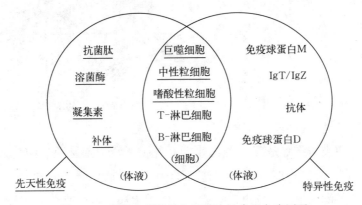

图 4-2　硬骨鱼类体液和细胞中的常见免疫因子

>> 三、水产动物的抗应激机理

　　应激是机体对外界或内部的各种异常刺激所产生的非特异性应答反应的总和，也称为胁迫反应。通常，受胁迫的鱼类要经历 3 个不同的阶段。首先是警觉反应阶段，鱼类体内稳态发生剧烈变化；其次是抵制阶段，鱼类试图适应改变的环境以恢复稳态；最后进入疲劳阶段，持续胁迫会抑制鱼类体内的补偿体系。当应激源刺激过大、时间过长，超过了机体的承受能力时，应激将导致养殖鱼类生长缓慢、繁殖力下降、免疫力低下及发病率和死亡率升高等症状。氧化应激表现出一种生化状态，其特征是反应性代谢物和自由基的过度存在，对生物体具有潜在的危害。自由基是一种活性很强的化学物种，通常半衰期很短，由一个分子或一个原子组成，含有一个或多个未配对的电子。这些未配对的电子使其能够与其他自由基相互作用，或从附近的其他分子中减去一个电子。活性氧是生物体产生的最重要的一类自由基：氧化剂的形成和保护生物体的抗氧化系统的不平衡导致了自由基水平的升高。超氧阴离子自由基是最常见的活性氧物种之一。它的代谢物，如过氧化氢和羟基自由基活性很高。当活性氮与活性氧一起作用时，它们也会损害细胞及其成分。在动物体内，线粒体通过有氧呼吸产生 ATP，不断产生活性氧和活性氮，包括氧化磷酸化的副产物。在低到中等浓度下，活性氧物种在各种生理过程中发挥着重要的生物学作用，如细胞信号和对病原体的防御；然而，在较高浓度下，活性氧物种能够与细胞的不同成分反应，包括蛋白质、脂质和核酸，导致 DNA 损伤。因此，动物机体需要对它们的浓度进行精确调控。

在水生动物中，机械屏障（如皮肤）是阻止微生物病原体的第一个障碍。当机械屏障被破坏时，入侵的微生物病原体就会进入动物的身体。机体接触病原体会立即触发一系列的免疫防御反应，而在外源物质被免疫系统消灭或排出的过程中，会产生大量的活性氧代谢物。当活性氧的生成速率超过其清除速率时，就会产生氧化应激。氧化应激的有害影响包括 DNA、类固醇成分、蛋白质的氧化和细胞膜中脂质的过氧化。这种氧化过程产生不稳定的脂质过氧化物，其产物在分解时具有高度的反应性，威胁到细胞的完整性。此外，这些物质还可以分解成自由基，从而延续脂质过氧化连锁反应的破坏性循环。

水产动物抗氧化的第一道防线是抗氧化分子，如类胡萝卜素、尿酸、维生素 E、维生素 C 和谷胱甘肽。不同的抗氧化物质抑制氧化反应的级联，使氧的活性中间体失活和截留，从而结束脂质过氧化循环。在其他抗氧化剂化合物供应稀缺或耗尽的情况下，抗氧化剂蛋白质在对抗氧毒性的努力中起着至关重要的作用。

生物体也配备了各种酶系统（过氧化氢酶、超氧化物歧化酶和谷胱甘肽过氧化物酶）或非酶系统（谷胱甘肽、抗坏血酸、类胡萝卜素和生育酚）或抗氧化系统，以控制活性氧和活性氮的浓度水平。抗氧化物质和酶一起构成了所谓的主要抗氧化剂。主要的一线抗氧化酶，如超氧化物歧化酶、过氧化氢酶和谷胱甘肽过氧化物酶，以及小型非蛋白抗氧化剂，如抗坏血酸、还原型谷胱甘肽和维生素 A（直接清除所有活性氧物种）联动作用，保护细胞免受氧化。超氧化物歧化酶能够中和超氧阴离子自由基生成 H_2O_2；谷胱甘肽或硫醇转移酶系统也有助于减少氧化剂的作用。谷胱甘肽还原酶（Glutathione reductase，GR）和谷胱甘肽-S-转移酶（Glutathione - S - transferase，GST）也被认为是帮助氧化还原的酶，因为它们分别用于将氧化的谷胱甘肽转化为还原型谷胱甘肽和去除外源物质。

此外，当受到外界刺激时，水产动物细胞内均可生成热应激蛋白（Heat stress protein，HSP）。HSP 能保护机体或细胞不受或少受伤害。在应激条件下，热休克蛋白表达明显增加，且可发生移位。HSP 在细胞生长、发育、分化以及基因转录中发挥重要的作用，主要的生物学功能是在应激状态下保护细胞生命活动必需的蛋白质，维持细胞生存。HSP 具有抗氧化能力：HSP 可抑制产生氧自由基的关键酶，通过反馈作用减少氧自由基的产生。由于 SOD 能清除氧自由基，故有细胞保护作用；HSP 可直接释放和增加内源性过氧化酶如超氧化物歧化酶水平，使机体内源性抗氧化剂合成和释放增加，对随之而来的应激有较强的抵抗作用；HSP 影响糖皮质激素的释放和代谢，并与激素受体结合，保持其非活性形式，将受体由胞浆运送到细胞核中，发挥受体的作用。

第二节　牛磺酸对刺参免疫及抗应激能力的影响

》 刺参饲料中添加牛磺酸的评价：生长、生化特性及免疫基因表达

刺参是我国北方的一种重要的经济水产动物。刺参是我国传统的高营养的食品，研究证明，刺参体壁中含有丰富的胶原成分以及钙、镁、铁等物质，具有延缓衰老等作用。野生捕捞的刺参已经远远不能满足人类的需求，因此目前主要是人工养殖刺参。由于集约化和工厂化大量养殖，也容易造成许多疾病问题。刺参是无脊椎动物，缺乏适应性免疫系统，因此依赖先天免疫，包括体液

和细胞反应。

近年来，由于全球鱼粉资源有限，鱼粉短缺迫使水产养殖业从业者寻找能够部分或完全替代水产饲料中鱼粉的高质量蛋白质来源。在过去的 20 年里，一些研究调查了用其他动物或植物蛋白替代鱼饲料中的鱼粉。然而，其他来源的植物蛋白，如大豆或棉籽来源的蛋白会缺乏牛磺酸。牛磺酸在自然界广泛存在于动物体内，包括哺乳动物、鸟类、鱼类和水生无脊椎动物。牛磺酸在鱼类、甲壳类和软体动物物种中发挥许多重要的生理功能，包括钙调节、膜稳定、胆汁酸结合、繁殖、免疫和抗氧化。肠道是刺参主要的消化器官。目前，刺参肠道免疫功能对于预防感染和上皮损伤的作用已被证实。但是，关于补充牛磺酸对刺参的影响，尤其是对肠道免疫的影响信息有限。

1. 材料与方法

（1）饲养试验　试验用刺参（0.79±0.05）g 购自金砣水产食品有限公司，在实验室暂养 2 周以后，以每个槽 15 只刺参的密度随机分配到 15 个水槽，平均水温保持在（17±2）℃，盐度 28～30，溶解氧＞5 mg/L。每天 17：00 投喂体重3％的饲料。

（2）试验饲料的制备　以发酵豆粕、鱼粉和磷虾粉为主要蛋白源。试验设计 5 种等氮等能日粮，分别添加 0（T0）、0.1％（T0.1）、0.5％（T0.5）、1％（T1）和 2％（T2）牛磺酸（试验饲料配方组成见表 4 - 1，试验饲料营养组成见表 4 - 2）。根据 Han 等人的方法进行牛磺酸包被，防止饲料中的牛磺酸浸出。所有原料用 2 mm 压粒机充分混合和挤压。将颗粒在 50 ℃下干燥至水分含量为 15％，并储存在－20 ℃备用。

表 4 - 1　试验饲料配方（g/kg）

原料	T0	T0.1	T0.5	T1	T2
牛磺酸	0.0	1.0	5.0	10.0	20.0
羊栖菜	600	600	600	600	600
海泥	100	100	100	100	100
白鱼粉	25.0	25.0	25.0	25.0	25.0
维生素预混料[a]	20.0	20.0	20.0	20.0	20.0
矿物质预混料[b]	20.0	20.0	20.0	20.0	20.0
发酵豆粕	90.0	90.0	90.0	90.0	90.0

（续）

原料	T0	T0.1	T0.5	T1	T2
小麦粉	15.0	15.0	15.0	15.0	15.0
磷虾粉	25.0	25.0	25.0	25.0	25.0
明胶	20.0	20.0	20.0	20.0	20.0
卡拉胶	7.5	7.5	7.5	7.5	7.5
微晶纤维素	47.5	47.5	47.5	47.5	47.5

注：[a] 维生素预混料（g/kg 预混合物）：维生素 A，1 000 000 IU；维生素 D_3，300 000 IU；维生素 E，4 000 IU；维生素 K_3，1 000 mg；维生素 B_1，2 000 mg；维生素 B_2，1 500 mg；维生素 B_6，1 000 mg；维生素 B_{12}，5 mg；烟酸，1 000 mg；维生素 C，5 000 mg；泛酸钙，5 000 mg；叶酸，100 mg；肌醇，10 000 mg；载体葡萄糖及水≤10%。

[b] 矿物质预混料（mg/40 g 预混合物）：氯化钠，107.79；七水硫酸镁，380.02；二水磷酸氢钠，241.91；磷酸二氢钾，665.20；二水磷酸钙，376.70；柠檬酸铁，82.38；乳酸钙，907.10；氢氧化铝，0.52；七水硫酸锌，9.90；硫酸铜，0.28；七水硫酸锰，2.22；碘酸钙，0.42；水合硫酸钴，2.77。

表 4-2　试验饲料营养组成（%干重）

营养成分	T0	T0.1	T0.5	T1	T2
水分	167.7	175.6	173.4	178.3	184.5
灰分	420.5	421.3	421.6	424.5	427.1
粗脂肪	36.5	37.4	36.9	37.3	36.6
粗蛋白	140.0	140.0	143.6	144.7	145.1
牛磺酸	0.2	0.9	3.8	7.8	17.3
总能（MJ/kg）	11.38	11.41	11.39	11.35	11.29

（3）饲养管理　暂养后，将 225 只初始平均重量为（0.79±0.05）g 的刺参随机分到 15 个水槽（100 L）中。每个水槽的密度为 15 只刺参，分成 3 个重复组。在试验过程中，每个水槽连续曝气，平均水温维持在（17±2）℃，盐度 28～30，溶解氧＞5 mg/L。每天 17:00 投喂刺参体重 3%的饲料，并根据刺参的实际摄食情况调整投食量。之后，每天更换一半的水，以保持水质。

（4）样本采集　饲养试验结束后，所有刺参禁食 24 h。对每个水槽中的刺参分别称重，用于计算生长指标。每个水槽中随机选取 3 只刺参，无菌取肠道部分置于无酶试管中，然后在 80 ℃下保存，用于测定 ATP 合酶、*Ajp*105、

Aj-lys 和 Aj-TRX 基因表达水平。每个水槽中随机选取 4 只刺参，收集体腔液、肠道和体壁，用于测定免疫酶和抗氧化酶活性。对所有其他刺参的体壁进行取样，并测定其近似组成和氨基酸含量。取样后，所有样品都保存在80 ℃下，以便进一步分析。

（5）数据分析　所有数据均采用 SPSS 20.0 软件进行统计分析。采用单因素方差分析（ANOVA）和 Tukey's 检验来确定组间的差异。

2. 结果　不同牛磺酸含量对刺参体腔液的免疫酶活性和 C3 含量的影响见表 4-3。T0.5 和 T1 组的 AKP 活性显著高于 T0 组（$P<0.05$）；随着饲料中牛磺酸含量的升高，T1 组 ACP 活性显著高于 T0 组（$P<0.05$），但与 T0.5 和 T2 组无显著差异（$P>0.05$）；随着饲料中牛磺酸含量的升高，T0.5 和 T1 组刺参体腔液内 C3 含量显著高于其余各组（$P>0.05$）。

表 4-3　不同牛磺酸含量对刺参体腔液的免疫酶活性和 C3 含量的影响

指标	T0	T0.1	T0.5	T1	T2
碱性磷酸酶（U/L）	26.17±1.80[a]	26.67±3.05[a]	35.87±6.65[b]	38.30±4.95[b]	27.30±1.55[a]
酸性磷酸酶（U/L）	27.03±2.25[a]	29.43±5.94[a]	34.70±5.39[ab]	43.57±1.15[b]	35.50±10.42[ab]
C 3 补体（μg/mL）	59.93±7.78[a]	63.39±7.76[a]	156.76±16.43[c]	96.36±1.87[b]	60.15±4.79[a]

注：同行中标有不同小写字母者，表示组间有显著性差异（$P<0.05$）；标有相同小写字母者，表示组间无显著性差异（$P>0.05$）。

3. 讨论　体腔液构成了刺参的循环系统。当刺参受到病原体入侵时，体细胞迁移到感染部位。刺参的免疫功能是通过吞噬、凝集、包裹和分泌杀菌活性物质来发挥的。碱性磷酸酶和酸性磷酸酶帮助棘皮动物完全降解这些由吞噬作用产生的外源物质。研究表明，线粒体电子传输链的严重破坏，会导致肝脏代谢不良和氧化自由基的产生。虽然本研究没有研究刺参缺乏牛磺酸的不良反应，但我们确实观察到日粮牛磺酸水平显著影响碱性磷酸酶和酸性磷酸酶活性。刺参体腔液中酸性磷酸酶和碱性磷酸酶活性随饲料牛磺酸含量从 0 增加到1％而升高，说明饲料牛磺酸具有改善刺参免疫功能的作用。因此，在刺参日粮中添加牛磺酸是必要的。补体系统是负责无脊椎动物先天免疫的防御系统，C3 补体是负责无脊椎动物先天免疫的防御系统，先天免疫系统和获得性免疫系统之间的重要纽带。对刺参的研究表明，C3 补体基因在细菌感染的免疫反应中发挥关键作用。在本试验中，投喂牛磺酸饲料的刺参，体腔液中的C3补体含量显著高于投喂对照组。这些结果表明，饲料中添加牛磺酸，可以改善刺参体腔液的免疫反应。

第三节　牛磺酸对许氏平鲉免疫
及抗应激能力的影响

≫ 饲料中添加牛磺酸对许氏平鲉免疫及抗应激能力的影响

许氏平鲉（*Sebastes schlegelii*）隶属于鲉形目（Scorpaeniformes）、鲉科（Scorpaenidae）、平鲉属（*Sebastes*），又称黑鲪、黑头、黑寨等，属冷温性近海底层鱼类，在我国北部沿海、日本、朝鲜及俄罗斯等区域均有分布，具有生长快、抗病性强、营养丰富和肉质鲜美等优点，现已成为我国沿海网箱养殖的重要经济鱼种之一。鱼类大多为低等动物，自身机体的防御机制仍主要为非特异性免疫。就鱼类而言，其非特异性免疫主要分为三部分，外部屏障（鳞片、表皮和黏液等）、细胞免疫（吞噬细胞、淋巴细胞等）和体液免疫（溶菌酶、C3补体等）。应激作为机体在应激源刺激下所出现的非特异性免疫，会干扰鱼体自身的免疫水平。当应激源过猛时，会造成机体内部环境紊乱，自由基过度存在，导致肝脏、肠道等器官受到氧化损伤。而牛磺酸作为淋巴细胞、单核细胞和中性粒细胞中含量最高的游离氨基酸，可促进淋巴细胞增殖，促使巨噬细胞产生白介素-1以及提高血液和组织中的免疫酶活等，对于维持机体的免疫水平具有重要意义。因此，探究牛磺酸对于机体免疫水平和抗应激能力的影响是有必要的。

1. 材料与方法

（1）材料　许氏平鲉幼鱼购自大连金砣养殖有限公司，初始体重为（36.25±0.04）g，投喂T1组饲料暂养1周以适应养殖环境。养殖试验持续60 d。

（2）试验饲料的制备　本试验以豆粕、鱼粉为主要蛋白源，以鱼油为主要脂肪源，配制牛磺酸水平分别为0（T1，对照）、0.8%（T2）、1.6%（T3）、2.4%（T4）、3.2%（T5）的5种等能低鱼粉饲料，饲料配方及营养成分见表

4-4。甘氨酸的含量随着饲料中牛磺酸含量的增加而减少，以保证各试验饲料的氮含量一致。所有原料粉碎后过 60 目筛，按照配方添加原料进行逐级混匀，混匀过程中添加适量的水，使其黏合度适宜，经制粒机制成 2 mm 饲料，于 40 ℃烘箱中烘干至水分适宜后，于−20 ℃冰箱中保存备用。

表 4-4　试验饲料组成（%干物质基础）

原料	T1（对照）	T2	T3	T4	T5
鱼粉	20	20	20	20	20
酪蛋白	4	4	4	4	4
豆粕	36	36	36	36	36
小麦粉	12.11	12.11	12.11	12.11	12.11
小麦面筋粉	6	6	6	6	6
鱿鱼肝粉	5	5	5	5	5
鱼油	6	6	6	6	6
卵磷脂	4	4	4	4	4
酵母粉	2	2	2	2	2
氯化胆碱	1	1	1	1	1
维生素预混料[a]	0.19	0.19	0.19	0.19	0.19
矿物质预混料[b]	0.5	0.5	0.5	0.5	0.5
牛磺酸	0	0.8	1.6	2.4	3.2
甘氨酸	3.2	2.4	1.6	0.8	0
营养水平（%干物质）					
粗蛋白	46.22	46.71	47.12	46.34	46.82
粗脂肪	8.92	9.15	9.2	9.07	8.98
粗灰分	7.83	7.77	7.46	7.35	7.51

注：[a] 维生素预混料（g/kg 预混合物）：维生素 A，1 000 000 IU；维生素 D_3，300 000 IU；维生素 E，4 000 IU；维生素 K_3，1 000 mg；维生素 B_1，2 000 mg；维生素 B_2，1 500 mg；维生素 B_6，1 000 mg；维生素 B_{12}，5 mg；烟酸，1 000 mg；维生素 C，5 000 mg；泛酸钙，5 000 mg；叶酸，100 mg；肌醇，10 000 mg；载体葡萄糖及水≤10%。

[b] 矿物质预混料（mg/40 g 预混合物）：氯化钠，107.79；七水硫酸镁，380.02；二水磷酸氢钠，241.91；磷酸二氢钾，665.20；二水磷酸钙，376.70；柠檬酸铁，82.38；乳酸钙，907.10；氢氧化铝，0.52；七水硫酸锌，9.90；硫酸铜，0.28；七水硫酸锰，2.22；碘酸钙，0.42；水合硫酸钴，2.77。

（3）饲养管理　试验设置 5 个处理组，每个处理组设 3 个平行，共 15 个 200 L 方形聚乙烯水槽，所有水槽位置随机分配。试验开始前，停食 24 h，随机挑选大小均匀、体格健壮且无伤的许氏平鲉幼鱼 120 尾，随机平均分配到 15 个水槽中，每个水槽 15 尾许氏平鲉幼鱼。每天 8:00 和 17:00 投喂各组试验饲料至表观饱食。每天 18:30 进行换水，换水量为总水体的 1/3，每天上午投喂前吸底清理粪便。24 h 连续充气。试验期间及时捞出死亡鱼体并记录体重，每天测定水温，保持在 17.0～19 ℃，溶解氧＞6 mg/L，pH 为 7.3～7.8。

（4）样品采集　试验结束后，停止投喂 24 h 后，对各组试验鱼进行称重计数。将试验鱼置于冰袋上解剖，去除内脏团，分离出肝脏和肠道，置于液氮中速冻，后转移至超低温冰箱（－80 ℃）中保存待测。肝脏免疫酶活测定指标为碱性磷酸酶（AKP）、酸性磷酸酶（ACP）、溶菌酶（LZM），抗氧化酶活指标为过氧化氢酶（CAT）、总超氧化物歧化酶（T－SOD）、丙二醛（MDA），上述指标均采用南京建成生物工程研究所试剂盒测定。

（5）数据分析　试验数据以平均值±标准误（Mean±SE）表示。使用 SPSS 21.0 软件对试验数据进行单因素方差分析（One－way ANOVA）。若结果差异显著（$P<0.05$），采用 Duncan 法进行分析。

2. 结果

（1）不同牛磺酸水平对许氏平鲉肝脏免疫相关酶活的影响　不同牛磺酸水平对许氏平鲉幼鱼的肝脏免疫酶活指标的影响见表 4 - 5。与 T1 组相比，当许

表 4 - 5　不同牛磺酸水平对许氏平鲉幼鱼的肝脏免疫酶活指标的影响

	T1（对照）	T2	T3	T4	T5
碱性磷酸酶（ALP）（U/L）	0.06±0.01[a]	0.14±0.01[c]	0.12±0.01[bc]	0.08±0.02[ab]	0.10±0.01[abc]
酸性磷酸酶（ACP）（U/L）	117.97±13.10[a]	248.73±21.28[b]	196.65±19.62[b]	227.25±17.88[b]	212.01±11.92[b]
溶菌酶（LZM）（μg/mg prot[1]）	1.92±0.02[a]	5.30±1.23[c]	2.51±0.32[ab]	4.12±0.32[abc]	4.78±0.37[bc]

注：同行中标有不同小写字母者，表示组间有显著性差异（$P<0.05$）；标有相同小写字母者，表示组间无显著性差异（$P>0.05$）。

[1] prot：蛋白质 protein 的缩写，表示数据是基于每毫克蛋白的含量，下同。

氏平鲉幼鱼摄食添加牛磺酸的低鱼粉饲料后，其免疫水平显著升高。补充牛磺酸后，各组 ACP 活力显著高于对照组（$P<0.05$）。牛磺酸对肝脏 ALP 和 LZM 也有显著影响，其中，在 T2 组的 ALP 和 LZM 活力达到峰值（$P<0.05$）。

（2）不同牛磺酸水平对许氏平鲉热应激抗氧化能力的影响　不同牛磺酸水平对许氏平鲉热应激抗氧化能力的影响如表 4-6 所示。在 27 ℃水温下胁迫 0.5 h 后，T2 组许氏平鲉肝脏过氧化氢酶活力显著高于其他各组（$P<0.05$）；各牛磺酸添加组许氏平鲉肝脏超氧化物歧化酶活力均显著高于对照组（$P<0.05$），且 T2 组超氧化物歧化酶活力显著高于其他各组（$P<0.05$）；各组间谷胱甘肽过氧化物酶活力无显著差异（$P>0.05$）。

表 4-6　不同牛磺酸水平对许氏平鲉热应激抗氧化能力的影响

	T1	T2	T3	T4	T5
过氧化氢酶（U/mg prot）	0.92 ± 0.01^a	1.02 ± 0.02^b	1.01 ± 0.03^{ab}	1.01 ± 0.03^{ab}	0.95 ± 0.04^{ab}
超氧化物歧化酶（mmol/g prot）	2.45 ± 0.01^a	2.58 ± 0.04^d	2.54 ± 0.03^c	2.50 ± 0.06^b	2.49 ± 0.05^b
谷胱甘肽过氧化物酶（U/mg prot）	1.41 ± 0.04	1.39 ± 0.07	1.37 ± 0.01	1.38 ± 0.09	1.40 ± 0.03

注：同行中标有不同小写字母者，表示组间有显著性差异（$P<0.05$）；标有相同小写字母者，表示组间无显著性差异（$P>0.05$）。

3. 讨论　植物蛋白的营养成分远低于鱼粉，当饲料中的鱼粉被植物蛋白替代过多或全部替代后，会导致鱼类体内的氨基酸平衡被打破，生长速度下降。此外，植物蛋白中的抗营养因子会造成鱼类肝肠等器官受损，进而导致整个机体免疫机能下降。碱性磷酸酶、酸性磷酸酶和溶菌酶在机体免疫调节过程中占据重要地位，其中，碱性磷酸酶是一种重要的免疫因子，与脂质代谢、钙质吸收等有关，在保证机体健康中扮演重要的角色；酸性磷酸酶是溶酶体的标志酶，与免疫调节、细胞消化代谢等生命活动有关；溶菌酶主要存在于单核细胞、吞噬细胞和中性粒细胞中，对于鱼类的非特异性免疫具有重要意义。相关研究表明，牛磺酸可以增强细胞膜的通透性，有效防止细胞肿胀；同时，牛磺酸还具有促进淋巴细胞增殖、增强吞噬细胞吞噬能力和保护免疫细胞的作用。此外，牛磺酸还可促使机体分泌免疫球蛋白，促进巨噬细胞产生白介素，增强中性粒细胞吞噬杀菌能力的作用，在机体的非特异性免疫中十分重要。本试验中添加牛磺酸，显著提高了许氏平鲉幼鱼的碱性磷酸酶、酸性磷酸酶与溶菌酶活力，与罗志成等人关于牛磺酸对虹鳟免疫影响的研究结果大致相同。这说明在饲料中添加适量的牛磺酸，可增强鱼体的免疫酶活力，提高机体的免疫水平。

应激是机体在受到各种异常刺激时产生的非特异性应答反应，是机体应对不良反应形成的一种防御性反应。当机体受到高强度应激后，会产生多种不良反应，如代谢紊乱，体内活性氧含量增多，造成氧化损伤等。肝脏作为维持机体正常代谢和抵御氧化应激的主要器官，具有重要作用。本试验通过在饲料中添加牛磺酸，显著提高了应激后许氏平鲉肝脏中过氧化氢酶、超氧化物歧化酶等酶活性，减轻了许氏平鲉处于应激下的氧化损伤，增强了机体的抗热应激能力。罗志成在探究牛磺酸对虹鳟热应激反应的影响时发现，1 200 mg/kg 的牛磺酸可以提高血清、肝脏中的抗氧化酶活力，上调体内热应激蛋白 HSP70 的表达量，提高机体的热耐受能力，与本试验的结果一致。因此，牛磺酸可作为许氏平鲉抗热应激的备选添加剂。

第四节　牛磺酸对红鳍东方鲀免疫及抗应激能力的影响

>> 饲料中添加不同水平牛磺酸对红鳍东方鲀（*Takifugu rubripes*）生长和免疫的影响

红鳍东方鲀是近海底层暖温性、广盐性鱼类，适宜生长水温为 14～27 ℃，适盐范围为 5～45。该鱼为肉食性鱼类，主要摄食贝类、甲壳类等的幼体、鱼及乌贼幼体；成鱼摄食甲壳类、贝类、鱼类等。野生的红鳍东方鲀具有钻沙的习性，将身体埋于沙中。红鳍东方鲀生性凶猛，从稚鱼到成鱼的各个阶段都存在互相残食、疯狂撕咬的习性。

鱼类是脊椎动物，脊椎动物的免疫机制涉及先天免疫和适应性免疫两个方面。先天免疫系统是生命体用来抵御病原体入侵的第一道生命防线，主要有 Toll 样受体系统、C 型凝集素受体系统、核苷酸结合和寡聚化域样受体系统、补体系统以及细胞因子信号等多个子系统。脊椎动物的适应性免疫系统主要分为两种表现形式：一种是通过 B 淋巴和 T 淋巴细胞受体识别抗原，进而产生抗体激活免疫反应系统，一般存在有颌类脊椎动物中；另一种是利用可变的淋巴细胞受体（VLR）进而识别抗原激活免疫反应，一般是存在于无颌类脊椎动物中。

在生物体内，抗氧化酶是抗氧化防御系统的主要组成部分。超氧化物歧化酶和过氧化氢酶是抵御氧化细胞损伤的第一道防线。丙二醛是最关键的脂质过氧化产物之一，被认为是氧化损伤的合适指标；过氧化氢酶是过氧化物酶体的标志酶、超氧化物歧化酶和总谷胱甘肽，在清除活性氧方面起着重要作用。

1. 材料与方法

（1）材料　试验用红鳍东方鲀幼鱼购自大连天正实业有限公司，投喂 T1 组饲料暂养 2 周以适应。养殖试验共进行 56 d。

（2）试验饲料的制备　试验饲料以酪蛋白和鱼粉作为主要蛋白质源，以鱼油和大豆卵磷脂作为脂肪源（试验饲料配方见表 4 - 7），配制牛磺酸水平分别为 0（T1，对照）、0.5%（T2）、1.0%（T3）、2.0%（T4）和 5.0%（T5）的 5 种等能量的低鱼粉试验饲料。甘氨酸含量相应随饲料牛磺酸含量的增加而减少，以保证各试验组饲料中的含氮量一致。所有原料粉碎后过 60 目筛，按照配方配制、充分混合均匀，混匀的过程中加入适量的水，使其黏合度适宜，经旋转挤压制粒机制成直径 4 mm 的软颗粒饲料，在 −20 ℃下保存备用，以预防脂类物质的过氧化而导致的变质。

表 4 - 7　试验饲料的组成（g/kg）

原　料	组　别				
	T1	T2	T3	T4	T5
鱼粉[a]	150.0	150.0	150.0	150.0	150.0
豆粕[b]	100.0	100.0	100.0	100.0	100.0
磷虾粉	50.0	50.0	50.0	50.0	50.0
面粉	90.0	90.0	90.0	90.0	90.0

（续）

原　料	组　别				
	T1	T2	T3	T4	T5
玉米蛋白粉	100.0	100.0	100.0	100.0	100.0
啤酒酵母	20.0	20.0	20.0	20.0	20.0
淀粉	80.0	80.0	80.0	80.0	80.0
纤维素	24.0	24.0	24.0	24.0	24.0
大豆卵磷脂	50.0	50.0	50.0	50.0	50.0
鱼油	50.0	50.0	50.0	50.0	50.0
螺旋藻	10.0	10.0	10.0	10.0	10.0
甜菜碱	3.0	3.0	3.0	3.0	3.0
氯化胆碱	3.0	3.0	3.0	3.0	3.0
维生素混合物[c]	10.0	10.0	10.0	10.0	10.0
矿物质混合物[d]	10.0	10.0	10.0	10.0	10.0
干酪素[e]	200.0	200.0	200.0	200.0	200.0
牛磺酸[e]	0.0	5.0	10.0	20.0	50.0
甘氨酸[e]	50.0	45.0	40.0	30.0	0.0
营养成分（％干物质）					
水分	313.3	290.0	317.6	308.0	310.4
粗蛋白	472.8	482.5	479.4	475.6	478.4
粗脂肪	146.9	140.1	145.4	142.0	141.2
灰分	72.6	73.3	74.7	75.8	77.0
牛磺酸	0.6	6.3	11.9	20.8	49.1

注：[a] 鱼粉：650 g/kg 蛋白质。

[b] 豆粕：400 g/kg 蛋白质。

[c] 维生素预混料（g/kg 预混合物）：维生素 A，1 000 000 IU；维生素 D₃，300 000 IU；维生素 E，4 000 IU；维生素 K₃，1 000 mg；维生素 B₁，2 000 mg；维生素 B₂，1 500 mg；维生素 B₆，1 000 mg；维生素 B₁₂，5 mg；烟酸，1 000 mg；维生素 C，5 000 mg；泛酸钙，5 000 mg；叶酸，100 mg；肌醇，10 000 mg；载体葡萄糖及水≤100 g/kg。

[d] 矿物预混料（mg/40 g 预混合物）：氯化钠，107.79；七水硫酸镁，380.02；二水磷酸氢钠，241.91；磷酸二氢钾，665.20；二水碳酸钙，376.70；柠檬酸铁，82.38；乳酸钙，907.10；氢氧化铝，0.52；七水硫酸锌，9.90；硫酸铜，0.28；七水硫酸锰，2.22；碘酸钙，0.42；水合硫酸钴，2.77。

[e] 酪蛋白、牛磺酸和甘氨酸：河南华阳生物科技有限公司。

（3）饲养管理 试验设置 5 个处理组，每个处理 3 个平行，共 15 个 200 L 方形聚乙烯水槽，所有水槽位置随机分配。试验开始前，停食 24 h，随机挑选大小均匀、体格健壮且体表无伤、初始体重为（32.28±0.20）g 的红鳍东方鲀幼鱼 225 尾，随机平均分配到 15 个水槽中，每个水槽 15 尾红鳍东方鲀幼鱼。每天 8：00 和 17：00 投喂放于 4 ℃冰箱提前分装好的饲料至表观饱食，每天 9：30 和 18：30 换水，换水量为总水体的 2/3，每天上午投喂前吸底清理粪便。24 h 连续充气。每天 7：00—19：00 日光灯照明，保持试验环境每天 12 h 光照、12 h 黑暗。试验期间，及时捞出死亡鱼体并记录体重，每天通过 YSI 多参数水质测量仪测定水体温度为 23.0～24.5 ℃，溶解氧＞6 mg/L，pH 为 7.3～7.8。

（4）样品采集 养殖试验结束后，红鳍东方鲀在取样前饥饿 24 h，以排空肠道内容物。体表黏液的采集：将红鳍东方鲀放于解剖盘，用蒸馏水冲洗体表，再用消毒脱脂棉球在鱼体表面反复刮取黏液至棉球完全湿润，将沾满红鳍东方鲀体表黏液的棉球放于提前准备好的 5 mL 离心管中，4 ℃保存。将离心管于 4 ℃下 3 000 r/min 离心 10 min，取上清液，转移至超低温冰箱−80 ℃中保存待测。血液的采集：提前用肝素钠溶液（浓度 20 mg/mL）润洗的 1 mL 一次性注射器和 2 mL 离心管，注射器用于尾静脉抽血，离心管用于装存血液，4 ℃静置，4 000 r/min 离心 10 min，取上清血浆后放于−80 ℃保存待测。将采集完体表黏液和血液的试验鱼于冰袋上解剖，取出内脏，分离出肝脏和中肠，将样品于液氮中速冻，然后转移至超低温冰箱−80 ℃中保存，用以测定肝脏组织免疫酶、抗氧化酶和肠道消化酶。

（5）样品测定 将样品置于 4 ℃冰箱缓融。血浆中生化指标，如白蛋白、总蛋白、肌酐、甘油三酯、总胆固醇、高密度脂蛋白、低密度脂蛋白和尿素，采用全自动生化分析仪进行测定。取 1∶9 的肝脏组织（g）和生理盐水（mL）于玻璃匀浆器中，冰水浴条件下机械匀浆，然后 3 500 r/min 离心 10 min。收集离心后的匀浆上清液，用于测定肝脏抗氧化酶，如谷胱甘肽过氧化物酶、总超氧化物歧化酶和过氧化氢酶，以及肝脏总抗氧化能力和丙二醛含量。取 1∶4 的肠道组织（g）和生理盐水（mL）于玻璃匀浆器中，冰水浴条件下机械匀浆，然后 2 500 r/min 离心 10 min。收集离心后的匀浆上清液，用于测定肠道消化酶（蛋白酶和脂肪酶）。以上各酶类指标和溶菌酶及组织匀浆蛋白含量均采用南京建成生物工程研究所试剂盒进行测定。

（6）试验数据处理　试验数据以平均值±标准误差（Mean±SD）表示。用 SPSS 21.0 软件对数据进行单因素方差分析（One-way ANOVA）。若存在显著差异时，则用 Tukey's 法进行处理间多重比较，显著性水平为 $P<0.05$。

为了反映出不同牛磺酸水平的作用情况，采用折线回归分析模型。以饲料中牛磺酸含量为自变量（x）、以体表黏液溶菌酶为因变量（y）进行折线回归分析，对牛磺酸最适添加量进行分析计算。

2. 结果

（1）不同水平牛磺酸对红鳍东方鲀血浆生化指标的影响　不同牛磺酸水平下，红鳍东方鲀幼鱼的血浆生化指标如表 4-8 所示。经过单因素方差分析，与对照组相比，牛磺酸添加量分别为 2.0% 和 5.0% 时，尿素和总甘油三酯有显著差异（$P<0.05$），其余各组间差异不显著（$P>0.05$）。牛磺酸添加量对白蛋白、总蛋白、肌酐、总胆固醇、高密度脂蛋白和低密度脂蛋白均无显著影响（$P>0.05$）。

表 4-8　不同水平牛磺酸对红鳍东方鲀血浆生化指标的影响

	T1	T2	T3	T4	T5
白蛋白（g/L）	17.10±1.24	18.95±0.70	18.70±1.70	15.85±0.65	17.30±0.57
总蛋白（g/L）	34.48±2.34	37.37±0.99	39.83±1.58	35.50±1.60	36.48±1.27
肌酐（μmol/L）	21.87±3.25	20.88±1.53	21.24±3.42	13.75±1.15	17.97±2.67
总甘油三酯（mmol/L）	1.32±0.16^a	1.77±0.10^{ab}	1.60±0.13^{ab}	2.19±0.14^b	1.92±0.19^{ab}
总胆固醇（mmol/L）	3.37±0.51	3.93±0.39	4.51±0.15	4.15±0.26	4.01±0.29
高密度脂蛋白（mmol/L）	0.48±0.06	0.51±0.52	0.63±0.03	0.55±0.02	0.52±0.03
低密度脂蛋白（mmol/L）	1.04±0.18	1.15±0.15	1.37±0.09	1.22±0.04	1.18±0.29
尿素（mmol/L）	1.73±0.12^a	1.93±0.09^{ab}	1.94±0.09^{ab}	2.15±0.15^{ab}	2.35±0.15^b

注：同行中标有不同小写字母者，表示组间有显著性差异（$P<0.05$）；标有相同小写字母者，表示组间无显著性差异（$P>0.05$）。

（2）不同水平牛磺酸对红鳍东方鲀肝脏免疫相关酶活力的影响　从表 4-9 可见，经过单因素方差分析，饲料中牛磺酸的添加量对红鳍东方鲀肝脏 T-AOC、SOD、CAT、GSH-PX 和 MDA 均有显著影响（$P<0.05$）；与对照组相比，T3 和 T4 组的 SOD 和 CAT 活力显著升高（$P<0.05$），且在 T3 组达到峰值；T3、T4 组 T-AOC 活力显著高于其他组（$P<0.05$），且在 T4 组达

到峰值；T3 组的 GSH‐PX 显著高于其他组（$P<0.05$）；牛磺酸添加组的 MDA 含量显著低于对照组（$P<0.05$）。

表 4‐9　不同水平牛磺酸对红鳍东方鲀肝脏免疫相关酶活力的影响

	T1	T2	T3	T4	T5
总抗氧化能力（U/mg prot）	3.09±0.45[a]	3.25±0.28[a]	4.67±0.17[b]	5.17±0.28[b]	3.96±0.27[ab]
超氧化物歧化酶（U/mg prot）	57.21±0.94[a]	59.22±0.63[a]	68.50±0.47[c]	62.92±0.24[b]	60.73±0.37[ab]
过氧化氢酶（mmol/g prot）	11.97±0.29[a]	12.76±0.12[a]	21.31±1.14[c]	16.94±0.76[b]	11.36±0.83[a]
谷胱甘肽过氧化物酶（U/mg prot）	17.06±0.29[b]	19.58±0.74[bc]	20.46±0.39[c]	8.57±0.93[a]	7.67±0.50[a]
丙二醛（nmol/mg prot）	5.61±0.69[b]	1.94±0.05[a]	1.63±0.19[a]	0.75±0.17[a]	1.29±0.12[a]

注：同行中标有不同小写字母者，表示组间有显著性差异（$P<0.05$）；标有相同小写字母者，表示组间无显著性差异（$P>0.05$）。

（3）不同水平牛磺酸对红鳍东方鲀体表黏液溶菌酶的影响　从图 4‐3 可见，经过单因素方差分析，不同牛磺酸水平的饲料对红鳍东方鲀体表黏液的溶菌酶有显著影响（$P<0.05$）；T1 组溶菌酶活力最低，T3、T4 和 T5 组酶活力显著高于 T1 组（$P<0.05$），在 T4 组达到最大值。

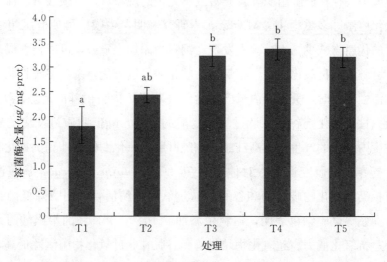

图 4‐3　不同水平牛磺酸对红鳍东方鲀体表黏液溶菌酶的影响

标有不同小写字母者，表示组间有显著性差异（$P<0.05$）；标有相同小写字母者，表示组间无显著性差异（$P>0.05$）

3. 讨论

（1）不同水平牛磺酸对红鳍东方鲀血浆生化指标的影响　血浆生化指标是判断鱼体健康状态和生理条件是否良好的可靠指标。血浆中的总甘油三酯与胆固醇通常是肝脏脂肪代谢情况的有效指标，反映了氨基酸代谢的状态。当肝脏合成的量超过其合成和分泌极低密度脂蛋白的能力时，很容易引起脂肪肝。本试验中，牛磺酸添加量为 2.0% 时，血浆中总甘油三酯含量显著高于对照组，这可能与鱼体内某些激素的变化有关。例如，胰岛素可以促进糖转化为总甘油三酯。王俊萍发现，在饲料中添加牛磺酸，可以显著降低蛋鸡血清总胆固醇、甘油三酯和肝脏胆固醇含量，提高蛋鸡血清高密度脂蛋白胆固醇含量。这说明蛋鸡日粮中添加牛磺酸，可以改善蛋鸡血清脂肪组成，调节蛋鸡体内的脂类代谢。

（2）不同水平牛磺酸对红鳍东方鲀肝脏免疫相关酶的影响　肝脏的新陈代谢中产生大量的氧自由基。正常机体的抗氧化防御系统能够清除各种氧自由基，在维持其产生与清除动态平衡的同时，还能修复或代谢氧化产物，把氧自由基对机体的危害调控在最低程度，减少水产动物严重的氧化损伤。氧化应激不仅是肝功能障碍的一部分，也是所有肝损伤的病理生理基础。牛磺酸缺乏的动物模型中，存在肝脏组织发育异常或不完全的现象，而牛磺酸可以保护肝脏不受氧化应激等多重损害。Miyazaki 等研究表明，牛磺酸可使肝脏组织中氧化应激的代谢物减少。本试验中发现，饲料中添加牛磺酸，可以显著提高红鳍东方鲀肝脏中总抗氧化能力、超氧化物歧化酶、过氧化氢酶和谷胱甘肽过氧化物酶的活性，同时显著降低丙二醛的含量，对机体内自由基的清除能力升高，促进蛋白性抗氧化剂谷胱甘肽过氧化物酶的产生，降低脂质过反应的发生氧化，减少丙二醛的产生，提高红鳍东方鲀肝脏抗氧化酶的活性和抗氧化物质的含量。杨春波等研究证明，对休克家兔（*Oryctolagus cuniculus*）灌注牛磺酸，可提高超氧化物歧化酶和谷胱甘肽过氧化物酶活性，同时降低丙二醛含量。李丽娟等试验结果表明，饵料中添加 0.10%、0.15% 的牛磺酸时，肉鸡肝脏中总抗氧化能力、超氧化物歧化酶和谷胱甘肽过氧化物酶活性最高，丙二醛含量最低。本试验与其试验结果一致。超氧化物歧化酶和过氧化氢酶可分别清除机体内超氧阴离子自由基和过氧化氢，其活性高低可以体现机体清除氧自由基能力的大小；谷胱甘肽过氧化物酶可以催化过氧化氢和还原型谷胱甘肽反应生成水,从而保护细胞和细胞膜免受氧化损伤;丙二醛是自由基引发脂质过氧化作用的最终分解产物,其含量的高低可反映活性氧自由基含量的多少。饲料中添加牛磺酸,能够提高红鳍东方鲀肝脏的抗氧化能力,防止机体细胞内氧自由基与抗氧化酶类系统平衡被打破时,导致 ROS 在体内蓄积,易与膜结构上的多聚不饱和脂肪酸和胆固醇发生氧化反应,破坏膜结构,进而引起细胞器损伤。但随牛磺酸添加量的持续升高,红鳍东方鲀的抗氧化能力并没有一直增强。在 5% 的添加量时,总抗氧化能力、超氧化物歧化酶、过氧化氢酶和谷胱甘肽过氧化物酶的活性出现下降,丙二醛含量出现上升趋势。这可能是由于摄入过量的牛磺酸引起动物机体出现抑制作用,导致红鳍东方鲀抗氧化酶的活性降低,过氧化产物增加。颉志刚等对虎纹蛙(*Hoplobtrachus rugulosus*)的研究表明,牛磺酸发挥免疫作用时存在明显的剂量效应,浓度过高的牛磺酸对机体的抗氧化能力产生抑制作用。

(3)不同水平牛磺酸对红鳍东方鲀体表黏液溶菌酶的影响 鱼类皮肤的上皮组织中分布着大量的黏液细胞,分泌的黏液广泛覆盖在鱼体表面,黏液调节渗透压使鱼类适应环境的变化;在免疫方面,有保护鱼体免遭病菌、寄生虫和病毒的侵袭等功能,是鱼类自身抵抗外来侵入和免疫系统的第一道防线,在鱼类整个生命过程中起着至关重要的作用。溶菌酶是非特异性免疫的重要组成部分,有研究表明,饲料中添加牛磺酸,能够显著提高鲤肝脏的溶菌酶活力,调节动物的免疫反应。本试验结果表明,饲料中添加牛磺酸,可显著提高红鳍东方鲀体表黏液溶菌酶的活性,在 2.0% 的添加量达到最大值。与田芊芊等通过在低鱼粉饲料中添加牛磺酸后青鱼幼鱼血浆溶菌酶活性升高、青鱼幼鱼非特异性免疫增强的研究结果一致。这说明牛磺酸可作为有效的免疫添加剂添加在饲料中,牛磺酸促进溶解酶水解革兰氏阳性菌细胞壁中黏肽的乙酰氨基多糖并使之裂解被释放出来,破坏和消除侵入的细菌等病原体。

第五节　牛磺酸对其他水生动物免疫指标的影响

>> 一、低鱼粉饲料中添加牛磺酸对青鱼幼鱼生抗急性拥挤胁迫的影响

在青鱼(*Mylopharyngodon piceus*)基础饲料中,添加不同含量的牛磺酸制备 6 种试验饲料,分别为正对照组(鱼粉 20%)、负对照组(鱼粉 10%)

及 4 个试验组 [在低鱼粉（鱼粉 10%）饲料中分别添加牛磺酸 0.05%、0.1%、0.2%、0.4%]。进行了为期 8 周的养殖饲喂试验。养殖试验结束后，选择对照组、未添加牛磺酸组、生长最好组和牛磺酸高水平添加组进行急性拥挤胁迫试验，胁迫密度设置为 100 g/L。结果表明，添加牛磺酸使血清皮质醇和 GLU 含量显著降低（$P<0.05$），未添加牛磺酸组青鱼血清 SOD、LZM 活力显著低于对照组（$P<0.05$），添加牛磺酸使血清中 SOD 和 LZM 活力显著提高（$P<0.05$）。添加牛磺酸，使血清补体 C3、谷胱甘肽显著提高（$P<0.05$）。溶菌酶和补体 C3 是非特异性免疫机制中重要的组成部分。添加牛磺酸后，青鱼幼鱼补体 C3 含量和溶菌酶活性升高，说明低鱼粉饲料中添加牛磺酸，使青鱼幼鱼非特异性免疫功能增强。短时间（0~2 h）急性拥挤胁迫使青鱼幼鱼血清补体 C3 含量和溶菌酶活性升高，说明机体具有通过提高血清非特异性免疫来防御疾病和急性环境胁迫的能力。低鱼粉饲料中添加牛磺酸后，鱼类血清补体 C3 含量和溶菌酶活性比低鱼粉饲料组升高幅度更大，说明牛磺酸可以通过提高鱼类机体的非特异性免疫来抵抗急性胁迫带来的不适。

》 二、牛磺酸对鲤非特异性及抗氧化能力的影响

采用单因子浓度梯度法，在鲤（*Cyprinus carpio*）基础试验饲料中添加 0.05%、0.10%、0.15%、0.20% 的牛磺酸，以基础饲料为对照，试验组和对照组各设 3 个重复。养殖试验持续 30 d。结果表明，牛磺酸可以提高鲤血清和肝胰脏的 LZM、SOD、CAT 活力，降低鲤血清和肝胰脏中的 MDA 含量。其中，0.10% 添加组效果最好，极显著地提高鲤血清和肝胰脏的 LZM 活力（$P<0.01$），比对照组分别提高 9.74%、8.04%；极显著地提高鲤血清和肝胰脏的 SOD 活力，比对照组分别提高 18.00%、14.40%；极显著地提高鲤血清的 CAT 活力，显著地提高鲤肝胰脏的 CAT 活力（$P<0.05$），比对照组分别提高 16.87%、9.98%；极显著地降低鲤血清和肝胰脏的 MDA 含量，比对照组分别降低 25.28%、15.21%。饲料中适宜剂量牛磺酸的添加，能显著增强鲤的抗氧化能力和非特异性免疫功能，减轻鱼体的脂质过氧化作用。

》 三、牛磺酸对虹鳟生长性能及生化指标的影响

以虹鳟（*Oncorhynchus mykiss*）膨化浮性颗粒饲料为基础饲料，在基础

饲料中分别添加 0、600 mg/kg 和 1 200 mg/kg 的牛磺酸。养殖试验持续 28 d。结果表明，600 mg/kg 牛磺酸组虹鳟血清中超氧化物歧化酶（SOD）、过氧化氢酶（CAT）、谷胱甘肽过氧化物酶（GSH－Px）和溶菌酶（LZM）活性均显著高于未添加组（$P<0.05$），并且丙二醛（MDA）含量显著低于未添加组（$P<0.05$）。说明在基础饲料中添加 600 mg/kg 的牛磺酸，可显著提升虹鳟抗氧化能力及部分非特异性免疫能力。实践中，不同动物实际效果存在差异，可能与物种差异有关。

>> 四、牛磺酸对克氏原螯虾生长性能、非特异性免疫以及肝胰脏抗氧化能力的影响

在克氏原螯虾（*Procambarus clarkii*）全价配合饲料中分别添加 0、100、200、300、400 mg/kg 的牛磺酸，制作 5 种不同牛磺酸含量的等氮等能饲料，进行为期 28 d 的养殖试验。结果表明，200、300 mg/kg 组克氏原螯虾的增重率、出肉率以及血清总蛋白（TP）、溶菌酶（LZM）、超氧化物歧化酶（SOD）和过氧化氢酶（CAT）活性均高于对照组（$P<0.05$）；200、300 mg/kg 组克氏原螯虾的血清谷丙转氨酶（GPT）和谷草转氨酶（GOT）活性均低于对照组（$P<0.05$）；300 mg/kg 组克氏原螯虾的成活率和肝胰脏谷胱甘肽过氧化物酶（GSH－Px）活性高于对照组（$P<0.05$）。这说明在饲料中添加 200～300 mg/kg 的牛磺酸，可以提高虾体的非特异性免疫力和肝胰脏抗氧化能力，增强虾体的抗病力。

>> 五、饲料中添加牛磺酸对中华绒螯蟹生长、非特异性免疫、抗氧化性能和肠道免疫的影响

在中华绒螯蟹（*Eriocheir sinensis*）饲料中添加 0（对照）、0.2%、0.4%、0.8% 和 1.6% 水平的牛磺酸，使用鱼粉、豆粕和菜粕作为蛋白质来源，大豆油作为脂质来源，配制基础日粮，以提供约 36.68% 的粗蛋白质和 7.82% 的粗脂质。养殖试验持续 65 d。试验结果表明，在 65 d 的饲养试验结束时，0.8% 牛磺酸组的血细胞总数（THC）和酸性磷酸酶（ACP）活性显著高于其他组，0.4% 牛磺酸组的酚氧化酶（PO）、LZM 和碱性磷酸酶（AKP）活性最高。从 SOD、GSH－Px、总抗氧化能力（T－AOC）来看，牛磺酸饲

料显著提高了中华绒螯蟹的抗氧化能力，但 0.4%～0.8% 牛磺酸饲料组的抗氧化能力高于其他各组。与对照组相比，添加牛磺酸显著上调肠道免疫基因（*EsToll2*、*EsRelish*）和抗菌肽（EsALF1、EsALF2、EsCrus1、EsCrus2）的表达。由此可见，饲料中添加牛磺酸，对中华绒螯蟹具有调节免疫、提高抗氧化能力的重要作用。中华绒螯蟹的最佳饲料摄入量为 0.4%～0.8%。牛磺酸的这种抗氧化活性也可能受到谷胱甘肽的影响，因为据报道，牛磺酸和谷胱甘肽在线粒体中相互作用，调节氧化，并可能调节活性氧的产生。在本研究中，添加 0.4% 和 0.8% 的牛磺酸显著上调肠道免疫基因 *EsCrus1*、*EsCrus2* 和 *EsToll2*、*EsALF1*、*EsALF2* 的表达，而添加 0.4% 和 0.8% 的牛磺酸显著降低肠道免疫基因 *EsRelish* 的表达。

➡ 参考文献

常杰，牛化欣，张文兵，2011. 刺参免疫系统及其免疫增强剂评价指标的研究进展 [J]. 中国饲料（6）：8-12.

崔彦婷，刘波，谢骏，等，2011. 热休克蛋白研究进展及其在水产动物中的研究前景 [J]. 江苏农业科学，39（3）：303-306.

高春生，范光丽，王艳玲，2007. 牛磺酸对黄河鲤鱼生长性能和消化酶活性的影响 [J]. 中国农学通报，23（6）：645-647.

黄智慧，马爱军，汪岷，2009. 鱼类体表黏液分泌功能与作用研究进展 [J]. 海洋科学，33（1）：90-94.

匡娜，杨慧赞，施君，等，2020. 红螯螯虾应激与抗应激技术的研究进展 [J]. 广西畜牧兽医，36（2）：86-92.

李丽娟，王安，王鹏，2010. 牛磺酸对爱拔益加肉雏鸡生长性能及抗氧化能的影响 [J]. 动物营养学报，22（3）：696-701.

刘志媛，吴高峰，徐哲，等，2013. 牛磺酸与肝脏疾病——牛磺酸多种护肝作用的重点阐述 [J]. 现代畜牧兽医（3）：60-64.

芦洪梅，王桂芹，2010. 水产动物应激的营养调控 [J]. 饲料工业，31（24）：59-62.

罗莉，文华，王琳，等，2006. 牛磺酸对草鱼生长、品质、消化酶和代谢酶活性的影响 [J]. 动物营养学报，18（3）：166-171.

骆作勇，2014. 仿刺参幼参对不同刺激的应激机制及维生素 C、E 抗应激作用研究 [D].

青岛：中国科学院研究生院（海洋研究所）.

欧阳冬生，王珍珊，袁浩泳，等，2011. 肝脏脂肪酸结合蛋白抗氧化作用研究进展 [J].
中国现代医学杂志，21 (26)：3284 - 3287.

彭双莉，2019. 白氏文昌鱼 TAK1 基因的进化及免疫功能研究 [D]. 南京：南京师范大学.

邱小琮，赵红雪，王远吉，等，2008. 牛磺酸对鲤非特异性免疫及抗氧化能力的影响
[J]. 上海水产大学学报，17 (4)：429 - 434.

任同军，孙永欣，韩雨哲，2019. 刺参的营养饲料与健康调控 [M]. 南京：南京东南大
学出版社.

宋志东，王际英，张利民，等，2009. 棘皮动物的免疫防御机制 [J]. 齐鲁渔业，26
(7)：24 - 26.

田芊芊，胡毅，毛盼，等，2016. 低鱼粉饲料添加牛磺酸对青鱼幼鱼生长、肠道修复及
抗急性拥挤胁迫的影响 [J]. 水产学报，40 (9)：1330 - 1339.

王和伟，叶继丹，陈建春，2013. 牛磺酸在鱼类营养中的作用及其在鱼类饲料中的应用
[J]. 动物营养学报，25 (7)：1418 - 1428.

王俊萍，2003. 牛磺酸对蛋鸡生产性能、脂质代谢及抗氧化状况的影响 [D]. 保定：河
北农业大学.

王清滨，王秋举，杨翼羽，等，2015. 牛磺酸对投喂高脂饲料草鱼幼鱼生长、肌肉品质
及抗氧化能力的影响 [J]. 西北农林科技大学学报（自然科学版），43 (7)：49 - 56.

王淑娴，叶海斌，于晓清，等，2012. 海参的免疫机制研究 [J]. 安徽农业科学，40
(25)：12553 - 12555.

王艳玲，李东，王秀利，2011. 海参免疫相关基因的研究进展 [J]. 生物技术报 (9)：
22 - 26.

魏苏宁，苏雪莹，徐国恒，2016. 肝细胞甘油三酯代谢途径异常与脂肪肝 [J]. 中国生
物化学与分子生物学报 (2)：123 - 132.

吴芳丽，王月，尚跃勇，等，2016. 水生无脊椎动物血淋巴细胞分类及免疫研究进展
[J]. 大连海洋大学学报，31 (6)：696 - 704.

徐奇友，许红，郑秋珊，等，2007. 牛磺酸对虹鳟仔鱼生长、体成分和免疫指标的影响
[J]. 动物营养学报，19 (5)：544 - 548.

杨春波，王政，刘秀萍，等，2002. 牛磺酸对缺血再灌注家兔抗氧化能力影响的实验研
究 [J]. 哈尔滨医科大学学报，36 (2)：109 - 111.

杨建成，胡建民，吕秋凤，2003. 牛磺酸在畜牧生产中的应用及研究进展 [J]. 畜牧与
兽医，35 (3)：41 - 43.

张峰，2005. 棘皮动物体内防御机制的研究进展 [J]. 大连水产学院学报（4）：340-344.

张辉，张海莲，2003. 碱性磷酸酶在水产动物中的作用 [J]. 河北渔业（5）：12-13.

张艳秋，詹勇，许梓荣，2005. 鱼类免疫机制及其影响因子 [J]. 水产养殖（3）：1-5.

张媛媛，宋理平，2018. 鱼类免疫系统的研究进展 [J]. 河北渔业（2）：49-56.

赵红霞，詹勇，许梓荣，2002. 鱼类免疫机制与疾病防治 [J]. 辽宁畜牧兽医（1）：38-39.

Attarian R，Bennie C，Bach H，et al.，2009. Glutathione disulfide and S-nitrosoglutathione detoxification by *Mycobacterium tuberculosis* thioredoxin system [J]. FEBS Letters，583（19）：3215-3220.

Coteur G，Warnau M，Jangoux M，et al.，2002. Reactive oxygen species（ROS）production by amoebocytes of *Asterias rubens*（Echinodermata）[J]. Fish & Shellfish Immunology，12（3）：187-200.

Janeway C A，Medzhitov R，2002. Innate immune recognition [J]. Annual Review of Immunology，20（1）：197-216.

Kader M A，Koshio S，Ishikawa M，et al.，2010. Supplemental effects of some crude ingredients in improving nutritive values of low fishmeal diets for red sea bream，*Pagrus major* [J]. Aquaculture，308（3-4）：136-144.

Kim S，Takeuchi T，Akimoto A，et al.，2010. Effect of taurine supplemented practical diet on growth performance and taurine contents in whole body and tissues of juvenile Japanese flounder *Paralichthys olivaceus* [J]. Fisheries Science，71（3）：627-632.

Kowaltowski A J，Souza-Pinto N C D，Castilho R F，et al.，2009. Mitochondria and reactive oxygen species [J]. Free Radical Biology & Medicine，47（4）：333-343.

Lim S J，Oh D H，Khosravi S，et al.，2013. Taurine is an essential nutrient for juvenile parrot fish *Oplegnathus fasciatus* [J]. Aquaculture，414：274-279.

Matsunari H，Furuita H，Yamamoto T，et al.，2008. Effect of dietary taurine and cystine on growth performance of juvenile red sea bream *Pagrus major* [J]. Aquaculture，274（1）：142-147.

Miyazaki T，Matsuzaki Y，2014. Taurine and liver diseases：a focus on the heterogeneous protective properties of taurine [J]. Amino acids，46（1）：101-110.

Pinto W，Figueira L，Santos A，et al.，2013. Is dietary taurine supplementation beneficial for gilthead sea bream（*Sparus aurata*）larvae？ [J]. Aquaculture，384-387：1-5.

Qi G，Ai Q，Mai K，et al.，2012. Effects of dietary taurine supplementation to a caseinbased diet on growth performance and taurine distribution in two sizes of juvenile turbot (*Scophthalmus maximus* L.) [J]. Aquaculture, 358 - 359: 122 - 128.

Shao Y, Li C, Chen X, et al. , 2015. Metabolomic responses of sea cucumber *Apostichopus japonicus* to thermal stresses [J]. Aquaculture, 435: 390 -397.

Takeuchi T, Park G S, Seikai T, et al. , 2015. Taurine content in Japanese flounder *Paralichthys olivaceus* and red sea bream *Pagrus major* during the period of seed production [J]. Aquaculture Research, 32 (s1): 244 - 248.

Valko M, Leibfritz D, Moncol J, et al. , 2007. Free radicals and antioxidants in normal physiological functions and human disease [J]. International Journal of Biochemistry & Cell Biology, 39 (1): 44 - 84.

Wu M, Lu S, X Wu, et al. , 2017. Effects of dietary amino acid patterns on growth, feed utilization and hepatic *IGF - I*, *TOR* gene expression levels of hybrid grouper (*Epinephelus fuscoguttatus* ♀ × *Epinephelus lanceolatus* ♂) juveniles [J]. Aquaculture, 468 (1): 508 - 514.

Yang A F, Zhou Z C, He C B, et al. , 2009. Analysis of expressed sequence tags from body wall, intestine and respiratory tree of sea cucumber (*Apostichopus japonicus*) [J]. Aquaculture, 296 (3 - 4): 193 - 199.

Yue Y, Liu Y, Tian L, et al. , 2013. The effect of dietary taurine supplementation on growth performance, feed utilization and taurine contents in tissues of juvenile white shrimp (*Litopenaeus vannamei*, Boone, 1931) fed with low - fishmeal diets [J]. Aquaculture Research, 44 (8): 1317 - 1325.

Zang Y, Tian X, Dong S, et al. , 2012. Growth, metabolism and immune responses to evisceration and the regeneration of viscera in sea cucumber, *Apostichopus japonicus* [J]. Aquaculture, 358 - 359: 50 - 60.

Zhou Z, Sun D, Yang A, et al. , 2011. Molecular characterization and expression analysis of a complement component 3 in the sea cucumber (*Apostichopus japonicus*) [J]. Fish & Shellfish Immunology, 31 (4): 540 - 547.

第五章

牛磺酸对水产动物肠道健康及消化能力的影响

第一节　水产动物肠道健康及消化能力的调控

我国是世界最大的水产养殖生产国家，养殖规模大、品种多、产量高，随着水产养殖产量的逐年上升，养殖也产生了诸多问题。因此，为了水产养殖绿色健康的发展与持续，众多营养物质被应用于水产动物养殖中，而其适量的应用在促进水产动物生长、消化以及肠道健康等方面发挥着重要的作用。

>> 一、水产动物肠道健康与饲料添加剂

肠道是动物营养物质消化吸收的主要场所，其结构（图 5-1）分为 4 层，即黏膜层、黏膜下层、肌层和浆膜层。肠道黏膜层处于最外面，其直接与营养物质和肠道微生物接触，因此，肠黏膜屏障系统具有阻碍肠腔内毒素和细菌入侵的功能。对机体来说，正常的肠黏膜形态结构和功能是十分重要的，其屏障组成及功能如图 5-2 和图 5-3 所示。但诸多因素都会导致肠黏膜损伤，如营

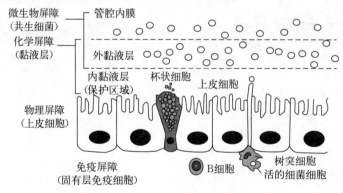

图 5-1　肠道结构的组成

（引自 Anderson 等，2012）

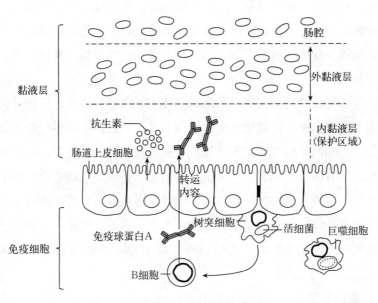

图 5-2　肠道屏障的组成

（引自 Gersemann 等，2012）

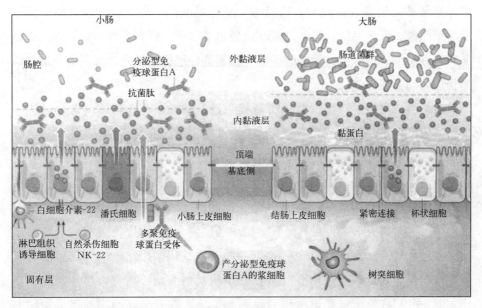

图 5-3　肠道屏障的功能

（引自 Maynard 等，2012）

养不良、各种肠炎、肠外营养、内毒素感染等。肠道正常功能一旦受到损害，如正常肠黏膜形态完整性被破坏、肠道屏障功能发生紊乱、肠道免疫系统失调等，会造成机体众多疾病的发生，如食欲下降、摄食量低、发育缓慢，以及对营养物质的消化吸收能力下降等。在水产动物上，饲料成分、养殖水域环境、肠道菌群等均可影响肠道健康。当饲料中使用豆粕量较高时，豆粕所含有的抗营养因子可引起鱼类肠道氧化损伤和结构破坏，进而诱发肠炎。鱼类肠炎的典型症状为：①黏膜皱襞厚度变薄，吸收细胞出现核空泡或消失；②黏膜皱襞固有层变厚，固有层和黏膜上皮被大量炎性细胞（吞噬细胞或嗜曙红粒细胞）浸润；③黏膜上皮细胞中杯状细胞增加。因此，通过外源性营养措施干预来改善水产动物肠道功能，对水产动物的健康显得尤为必要。因此，本文将重点综述饲料添加剂对水产动物肠道健康的影响，以期为改善水产动物肠道健康提供参考。

1. 功能性氨基酸　功能性氨基酸是指除了合成机体蛋白质外还具有其他特殊功能的氨基酸，其不仅是动物正常生长和维持机体功能所必需的，也是合成多种生物活性物质所必需的。其在营养学上可能是非必需氨基酸，也可能是必需氨基酸，包括谷氨酰胺、精氨酸、支链氨基酸、色氨酸、脯氨酸、甘氨酸、组氨酸、天冬氨酸、天冬酰胺和含硫氨基酸等。资料表明，精氨酸、谷氨酰胺、苏氨酸、色氨酸、赖氨酸等氨基酸都能促进肠道发育，有利于肠道黏膜损伤后的修复等。

（1）谷氨酰胺　谷氨酰胺是脂肪族中性氨基酸，在动物体内含量最为丰富。谷氨酰胺是快速增殖性细胞（如上皮细胞、淋巴细胞、肿瘤细胞和成纤维细胞等）的关键性能量底物，也是合成蛋白质、核苷酸和氨基糖的重要前体。谷氨酰胺是小肠黏膜的主要能源物质，且是小肠中重要的代谢物质，其含量大大超过了葡萄糖和脂肪酸，是合成多胺、谷胱甘肽等维持黏膜结构和功能的重要前体。大量研究表明，谷氨酰胺能被小肠黏膜分解利用，是小肠黏膜维持结构完整性和功能必不可少的营养物质。在病理状态下，无论经口或经静脉补充谷氨酰胺后，均可以促进病变（多器官系统功能衰竭、内毒素血症、皮肤烧伤、断奶和癌症）所致肠道损伤的改善和恢复。在对啮齿动物和猪等的研究中，谷氨酰胺的效果比较一致，如添加2%谷氨酰胺能改善断奶仔猪的生长性能和肠道功能；在大鼠模型中，对穿刺式脑外伤的大鼠饲粮中添加3%谷氨酰胺，可以减少肠损伤。

由于谷氨酰胺在水溶液中易被分解，对高压消毒不耐受，故医学临床或者实际生产中直接利用单体谷氨酰胺的并不多。近年来，人工合成含谷氨酰胺的小肽如丙氨酸-谷氨酰胺（Alanineglutamin，Ala - Gln）或甘氨酸-谷氨酰胺（Glycineglutamin，Gly - Gln）由于水稳定性好、能耐受高压消毒，并且进入机体后能很快分解释放出谷氨酰胺，而被应用于各个领域。在断奶仔猪，当其饲料原料均为植物原料时，向其饲喂含 1.01 g/kg BW 丙氨酸-谷氨酰胺的饲粮 14 d 后发现，断奶仔猪的免疫功能、肠道结构和生长均较对照组明显改善；通过饮水的方式，给由营养不良导致发生肠炎的小鼠饮用含 111 mmol/L 丙氨酸-谷氨酰胺的水 21 d，结果小鼠的肠道功能得到明显改善；同样的结果在小鼠肠上皮细胞、猪肠上皮细胞等研究中也被证实。这些研究均发现，含谷氨酰胺的二肽对肠道功能的改善有良好效果。

谷氨酰胺是第一个被发现能激活肠道细胞相关信号通路里关键激酶的氨基酸。谷氨酰胺通过各种转运载体进入细胞内，其主要是通过钠依赖性氨基酸转运载体即 $ATB^{0,+}$/ASCT2 进入细胞内，并可通过调节转运载体的水平来维持谷氨酰胺，以较高的水平进入小肠上皮吸收细胞。关于谷氨酰胺在营养性疾病（如慢性腹泻、短肠综合征、肠炎、多器官系统功能衰竭等）中的作用已被广泛研究，其对腹泻或肠炎有效的作用机制主要有：①谷氨酰胺转运与钠相偶联；②谷氨酰胺对钠吸收作用是葡萄糖对钠吸收作用的补充。另有研究认为，谷氨酰胺是介导猪肠道细胞增殖促分裂素原活化蛋白激酶（Mitogen - activated protein kinases，MAPK）信号通路的重要作用因子，也是提高肠道和其他重要器官中细胞存活率的信号，并可抑制肠道细胞的凋亡，从而起到抗炎作用。

关于谷氨酰胺对水生动物肠道健康影响的研究目前也有报道。Pohlenz 等在饲料中补充谷氨酰胺饲喂斑点叉尾鮰 10 周，发现谷氨酰胺不影响斑点叉尾鮰的生长和血浆氨基酸含量，且饲料中添加 2% 的谷氨酰胺能改善肠道结构和肠道细胞的迁移。在建鲤饲料中添加 1.2% 的谷氨酰胺，可提高生长性能、饲料利用率、肠道重量、绒毛长度和消化酶活力。在对细胞培养的研究表明，在建鲤肠道细胞培养液中添加 4 mmol/L 的谷氨酰胺，可以提高其抗氧化能力。含谷氨酰胺的二肽在鱼类上的应用也有报道，在建鲤饲料中添加 0.36% 的丙氨酸-谷氨酰胺，其生长、饲料利用率和肌肉蛋白质含量均显著提高。在对哲罗鱼仔鱼的研究中发现，饲料中添加 0.75％的丙氨酸-谷氨酰胺，能提高其生长性能和抗氧化能力。

（2）精氨酸 除作为体内蛋白质合成的必需前体外，精氨酸及其代谢产物鸟氨酸、瓜氨酸和一氧化氮等，在免疫调节及维持和保护肠道黏膜结构和功能等方面起着重要的作用。在人类和其他陆生动物的研究中发现，精氨酸作为组织修复的一种必需营养素和免疫营养素，一直被认为是肠道修复所必需的多胺的主要氨基酸前体。如给大鼠口服 2％的精氨酸溶液，能改善缺血所导致的肠黏膜损伤；在饲粮中添加 0.7％的精氨酸，能改善断奶仔猪的肠道微绒毛发育；在饲粮中添加 0.6％的精氨酸，能改善仔猪的生长性能、健康状况和肠道功能，这可能是因为精氨酸能促进肠道黏膜细胞增殖和生长，进而增强肠道机械屏障功能，从而减少疾病对肠道的损害，维持体内环境的稳定性，保证肠黏膜的完整性。同时，在研究中发现，精氨酸是一把"双刃剑"。当精氨酸的剂量为 4 mmol/L，即"肠腔生理水平"时，对细胞迁移有益；而剂量＞10 mmol/L对细胞迁移有害。在鱼类的研究中表明，精氨酸是鱼类的必需氨基酸。目前，关于精氨酸对水产动物肠道功能影响的报道还较少。在眼斑拟石首鱼（*Sciaenops ocellatus*）饲料中添加 1％的精氨酸和 1％的谷氨酰胺，可以改善其肠道功能；在建鲤饲料中添加 1.85％的精氨酸，可以减少脂多糖对鱼体肠道的损伤。

关于精氨酸在肠道修复中的作用机制，普遍认为，精氨酸是通过促进活性氧簇的产生和增强肠黏膜的硝基酪氨酰化作用来实现的，并是肠细胞迁移和上皮恢复的有力刺激物。同时，精氨酸可增强细胞迁移率，并活化雷帕霉素靶蛋白（Mammal target of rapamycin，mTOR）的下游核糖体 S6 酶 1（Ribosomal protein S6 kinase 1，S6K1）。

（3）其他氨基酸 苏氨酸是血浆 γ-球蛋白和肠道黏蛋白的主要成分之一。当饲粮中苏氨酸缺乏时，仔猪肠道组织中的肥大细胞、杯状细胞数目下降，同时，肠道黏蛋白的含量也显著下降，并且通过静脉补充苏氨酸后，这种抑制性作用并不能完全消除。限制饲粮中的苏氨酸含量后，大鼠小肠各段黏蛋白的合成能力显著降低。研究发现，在仔猪饲粮中添加 0.89％的苏氨酸，可以提高肠道功能。在仔猪发生炎症反应时，苏氨酸缺乏将导致肠道屏障功能减弱；而增加小肠苏氨酸的供应，能促进黏蛋白的合成和肠道黏膜功能的恢复。

亮氨酸被认为是一种功能性氨基酸，对肠道功能有重要作用。赖氨酸同样在肠道中被用来合成肠道黏膜蛋白质，也可通过分解代谢为肠道提供能量。研究发现，仔猪饲粮中的赖氨酸有 35％被肠道截留，其中仅 18％用于合成肠道黏膜蛋白质。

在鱼类中的研究发现，适宜水平的色氨酸改善了生长中期草鱼前、中、后肠免疫状态，提高了草鱼肠道的抗氧化能力，保证了肠道屏障结构的完整。微囊苏氨酸能有效改善建鲤幼鱼的肠道健康，从而提高其对营养物质的消化吸收能力。

2. 其他物质

（1）锌　锌是影响肠道细胞分裂和再生、调控肠道氨基酸和蛋白质代谢的重要影响因素之一。在断奶仔猪饲粮中添加 3 000 mg/kg 锌，会促进肠道发育，降低空肠干细胞因子 mRNA 和蛋白质表达水平，进而预防肠炎。饲粮中添加氧化锌，能提高断奶仔猪的抗氧化应激能力，抑制肠道细胞凋亡，从而预防新生仔猪发生肠炎。在幼建鲤饲料中添加适量的锌，可促进肠道发育，提高肠道消化酶和肠刷状缘酶的活力，进而提高幼建鲤对营养物质的消化吸收能力，从而提高生产性能。

（2）脂肪酸　现已证实，多不饱和脂肪酸（Polyunsaturated fatty acids，PUFAs）有利于肠炎的防治。在患结肠炎的幼鼠饮食中添加 C18：$3n$-3 能减轻炎症反应，n-3 PUFAs 也能降低小鼠坏死性结肠炎的发生概率。在猪肠黏膜原代培养液中加入游离脂肪酸，能促进肠道刷状缘脂筏微结构域的发育。在仔猪饲粮中加入 0.3％的混合中链脂肪酸，能影响胃微生物种群和肠道细菌代谢物产量，这可能与中链脂肪酸具有提高免疫力和抗菌功能有关。在降低鱼粉含量的情况下，饲料中添加 0.02％的植物精油，能够改善南美白对虾（*Litopenaeus vannamei*）的生长性能及肠道健康。

（3）益生菌　益生菌在肠道内与各种细胞成分相互作用，能以多种方式影响肠内细胞的功能，其作用机理如图 5-4 所示。一些研究表明，主要的细胞信号调节通路和细胞因子，如核转录因子、MAPK、热休克蛋白、过氧化物酶体增殖物活化受体，均为益生菌或其产物作用的对象。这些细胞通路和细胞因子均可被益生菌通过不同的方式进行修改、调节。目前，益生菌已被广泛应用于水产养殖行业，已证实其能通过提高肠道消化酶活力、维持肠道细菌平衡、增强免疫能力，来促进水产动物的生长。

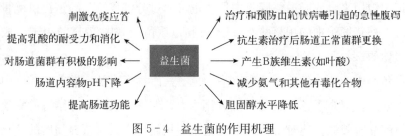

图 5-4　益生菌的作用机理

（引自张江等，2017）

（4）糖类　能改善动物肠道功能的糖类，包括低聚糖和多糖。研究发现，给患癌小鼠腹腔注射肽聚糖，可显著抑制结肠癌细胞的生长。植物寡糖可调节畜禽肠道微生物区系，抑制肠道有害微生物的增殖，促进双歧杆菌和乳酸杆菌的增殖。低聚糖对畜禽肠道菌群的调节，主要是通过增殖有益菌如双歧杆菌，抑制有害菌如大肠杆菌，并阻止病原菌的定植，从而促进病原菌的排出来实现的；而多糖主要是通过提高畜禽的肠道免疫功能，来实现对病原菌入侵的抵抗作用。多糖可以通过维持肠黏膜微循环正常功能，以及促进肠黏膜相关免疫细胞的增殖，来提高肠道黏膜抗氧化能力，从而实现调节细胞因子和炎症介质的分泌和表达等。在罗非鱼上的研究发现，饲料中添加黄芪多糖，可提高罗非鱼绒毛长度，增加肠道黏液细胞和上皮内淋巴细胞的数量。

≫ 二、水产动物肠道菌群的形成及其生理作用

健康水产动物的肠道内存在着大量的微生物，它们构成了水产动物肠道的微生物区系。这些微生物群落是动物长期进化的结果，对水产动物的肠道健康乃至营养和免疫有着极其重要的作用。正常生理状态下，正常的肠道菌群对动物体的维生素合成、促进生长发育、物质代谢及免疫防御功能都有重要的作用，是维持动物健康的必要因素，也是反映机体内环境稳定与否的重要方面。在实际生产中，诸多因素会对肠道菌群的稳定性造成影响，因此应采取措施积极应对，保障肠道菌群的健康，避免外来因素的干扰，以充分发挥肠道菌群对宿主的保护作用。

≫ 三、水产动物肠道微生态调控研究进展

1. 概述　水产动物肠道正常优势菌群为厌氧菌，超过 99％，好氧菌和兼性厌氧菌约占 1％。研究表明，不同鱼类之间，肠壁的好氧菌总数差别很大（如鲢肠壁好氧菌总数是鲫肠壁好氧菌总数的 37 倍）；而厌氧菌总数差别不大（最大数乌鳢仅为最小数鳊的 1.7 倍）。可能因为厌氧菌和肠壁共生是肠壁的必须组成成分，因此含量稳定；而好氧菌可游离于肠腔中间，因此在肠壁的随机波动性很大。肠道菌群数量具有从前肠至后肠逐渐增多的现象。可能是由于肠道内容物由前向后推进的缘故，也可能是后肠肠道内容物及其环境更有利于微生物的生长繁殖。尹军霞等（2003）对不同食性的淡水鱼类研究表明，鲢、鲫、鳊和乌鳢肠壁厌氧菌数量达 100 亿个/g，好氧菌数量为 100 万～1 000 万个/g。其中，乳酸菌和双歧杆菌数量均达 100 万～1 000 万个/g，大肠杆菌和肠球菌仅 1 000～10 000个/g。还有研究表明，南美白对虾肠道双歧杆菌和乳酸菌数达 1 000 万～1 亿个/g。由此可见，在同一肠段，水产动物肠道菌群中，厌氧菌总数远大于好氧菌总数，一般相差 2～3 个数量级。乳酸菌和双歧杆菌是水产动物肠壁常驻优势菌群。研究表明，保持水产动物肠道乳酸菌与双歧杆菌的优势地位，与水产动物的营养和免疫有着密不可分的关系。水产动物肠道菌群极易受水环境和饵料的影响，绝大多数细菌不能定植在消化道（非常住菌）。当水产动物处于健康状态时，体内外环境会形成一个相对稳定的微生物菌群间的动态平衡；当出现饵料或环境变更等应激状态时，原微生物区系平衡受到冲击，宿主正常的防御体系被打破，某些条件致病菌会转移，定植和侵袭其他组织器官，导致细菌性疾病的暴发。当动物患病时，肠道内厌氧菌与需氧菌比例会显著下降。蒋长苗等（1992）研究表明，患肠炎草鱼肠道乳酸杆菌和双歧杆菌数量显著下降，大肠杆菌和肠球菌数量显著上升，肠道厌氧菌和需氧菌比例显著下降。

2. 肠道菌群的作用　健康水产动物肠道菌群的作用主要体现在以下三方面：①提供屏障作用；②促进营养吸收；③提高免疫功能。

（1）屏障作用　在健康水产动物肠道中，由厌氧菌和肠壁黏膜层组成的生物膜构成了一道生物屏障，阻止并排斥病原菌在肠道上皮细胞的定植，即肠道正常菌群像栅栏一样阻拦了病原菌的作业，保护宿主健康。同时，原籍菌群数

量上占优势，能产生胞外物质，对其他细菌起抑制作用，能防御外来菌群的入侵。有研究表明，已记载的芽孢杆菌生产的抗生素就有 169 种，仅枯草芽孢杆菌就产生 68 种抗生素，主要是肽类，多作用于革兰氏阳性菌。

(2) 营养功能　电镜观察发现，动物肠上皮细胞表面的微绒毛与菌体细胞壁上的菌毛极为贴近，并有物质交换的迹象。研究表明，鱼虾正常肠道菌群有以下作用：①分泌胞外酶，分解蛋白、脂肪及糖类等营养物质。冯雪等(2008) 报道，在草鱼肠道中分泌蛋白酶、脂肪酶、淀粉酶和纤维素酶的菌株有 33 株，占肠道总菌数的 36.67%，分别是气单胞菌、弧菌、芽孢杆菌和假单胞菌；银鲫肠道能分泌上述胞外酶的菌株有 43 株，占肠道总菌数的 47.78%。这些肠道菌群分泌的蛋白酶和淀粉酶等消化酶，可辅助鱼类对营养物质的消化，包括一些难以分解的纤维素等物质，从而促进营养物质的转化和吸收。芽孢杆菌在肠道内还可产生氨基酸氧化酶及分解硫化物的酶类，从而降低血液及粪便中氨和吲哚等有害气体质量浓度。②合成维生素，如双歧杆菌能合成 B 族维生素，大肠杆菌能合成维生素 K，链球菌能合成维生素 C 等。

(3) 免疫调节　动物肠道有许多和免疫相关的细胞，包括肠上皮细胞、上皮内淋巴细胞和固有层淋巴细胞等。肠道的免疫组织是防止外界病原体侵入的重要免疫学屏障。动物必须具有结构完整和良好免疫保护功能的健康肠道，才能最大限度地提高对养分的消化和吸收，减少疾病对生产性能的影响。

无菌动物的研究表明，当肠道细菌缺乏时，肠道免疫系统发育不良，肠道形态被破坏。与正常动物相比，无菌动物中，免疫细胞的结构产生了改变，包括集合淋巴结的发育不良、肠系膜淋巴结缺乏生发中心和浆细胞、巨噬细胞趋化性降低、细胞内杀死致病菌的能力下降及无菌动物肠系膜淋巴结的数目明显下降。在大多数情况下，无菌动物具有分泌 IgM、少量 IgG 和无 IgA 的特点。当无菌动物进行常规喂养或喂食益生菌后，肠道的形态和免疫系统迅速发展，并开始产生大量不同的抗体表型，包括针对肠道常住菌的特异性抗体。益生菌作为一种活的有机体，存在于肠道黏膜上，并对肠道黏膜有保护和上接作用，可治疗各种肠道疾病。种种迹象表明，益生菌在肠道黏膜免疫作用中发挥重大功效。在动物饲料中添加一定量的益生菌或微生态制剂，对预防外界环境变化引起肠道菌群紊乱有明显的作用。益生菌可直接作用于宿主免疫系统，诱发肠道免疫，并刺激胸腺、脾和头肾等免疫器官的发育，提高巨噬细胞活力，活化肠黏膜内相关淋巴组织。益生菌的细胞壁成分、代谢产物和菌体细胞等，均可能刺激动物的肠道黏膜免疫系统。

有研究结果表明，常住菌是使过路菌不能定植的因素。例如，乳酸杆菌和双歧杆菌等常住菌是使条件致病菌量极少而不足以致病的重要原因。促进乳酸杆菌和双歧杆菌等常住菌的生长，可增强南美白对虾抗肠道疾病的能力。

综上所述，肠道健康是保障水产动物快速生长的关键因素之一。一些添加剂可促进水产动物肠道发育，维持肠道的正常结构和功能，并提高营养物质转运吸收能力。因此，在饲料中添加一些可改善肠道健康的添加剂，可提高水产动物对一些比较低廉的饲料源的利用率，但其提高水产动物消化吸收能力的作用机制尚待进一步研究。

第二节　牛磺酸对刺参肠道健康及消化能力的影响

>> 饲料中添加牛磺酸对刺参幼参生长、生化特性和免疫基因表达的影响

牛磺酸天然存在于动物体中，并影响其生理功能。大量研究表明，在仔猪、鲈及虹鳟等中，膳食牛磺酸水平的高低可影响动物的生长性能。动物研究表明，饮食牛磺酸，可减少氧化应激并增加大鼠的抗氧化能力。在水生无脊椎动物养殖中，提高水生无脊椎动物的免疫力，是保证养殖质量的有效途径。因此，应在棘皮动物、养殖软体动物和甲壳类动物中研究牛磺酸的益处。

刺参是缺乏适应性免疫系统的海洋无脊椎动物。因其免疫系统的特殊性，主要依靠先天免疫，包括体液和细胞反应。研究表明，饲料中的牛磺酸可显著提高抗氧化能力。饲料中牛磺酸的添加水平受鱼体重的影响，在生命早期更为明显。

肠道是刺参体腔内的主要器官，起着消化吸收营养物质的作用。相关研究表明，刺参肠道免疫功能对感染和上皮损伤有预防作用。因此，试验选择幼参作为研究对象，利用 PCR 技术研究了 4 个免疫基因在刺参肠道中的表达水平。

1. 材料与方法

（1）材料　刺参来自金砣水产食品有限公司，在饲养试验前，所有刺参在实验室条件下驯化 2 周。饲养试验持续 60 d。

（2）试验饲料的制备　以发酵豆粕、鱼粉和磷虾粉为主要蛋白质来源，设计 5 种等氮等能试验饲料（表 5 - 1），饲料中分别添加 0（T0）、0.1%（T0.1）、

表 5 - 1　试验饲料的组成（g/kg）

原料	T0	T0.1	T0.5	T1	T2
牛磺酸	0.0	1.0	5.0	10.0	20.0
羊栖菜	600.0	600.0	600.0	600.0	600.0
海泥	100.0	100.0	100.0	100.0	100.0
白鱼粉	25.0	25.0	25.0	25.0	25.0
维生素预混料[a]	20.0	20.0	20.0	20.0	20.0
矿物质预混料[b]	20.0	20.0	20.0	20.0	20.0
发酵豆粕	90.0	90.0	90.0	90.0	90.0
小麦粉	45.0	45.0	45.0	45.0	45.0
磷虾粉	25.0	25.0	25.0	25.0	25.0
明胶	20.0	20.0	20.0	20.0	20.0
卡拉胶	7.5	7.5	7.5	7.5	7.5
微晶纤维素	47.5	46.5	42.5	37.5	27.5
营养成分（%干重）					
水分	167.7	175.6	173.4	178.3	184.5
灰分	420.5	421.3	421.6	424.5	427.1
粗脂肪	36.5	37.4	36.9	37.3	36.6
粗蛋白	140.0	140.0	143.6	144.7	145.1
牛磺酸	0.2	0.9	3.8	7.8	17.3
总能（MJ/kg）	11.38	11.41	11.39	11.35	11.29

注：[a] 维生素预混料（g/kg 预混合物）：维生素 A，1 000 000 IU；维生素 D_3，300 000 IU；维生素 E，4 000 IU；维生素 K_3，1 000 mg；维生素 B_1，2 000 mg；维生素 B_2，1 500 mg；维生素 B_6，1 000 mg；维生素 B_{12}，5 mg；烟酸，1 000 mg；维生素 C，5 000 mg；泛酸钙，5 000 mg；叶酸，100 mg；肌醇，10 000 mg；载体葡萄糖及水≤10%。

[b] 矿物质预混料（mg/40 g 预混合物）：氯化钠，107.79；七水硫酸镁，380.02；二水磷酸氢钠，241.91；磷酸二氢钾，665.20；二水磷酸钙，376.70；柠檬酸铁，82.38；乳酸钙，907.10；氢氧化铝，0.52；七水硫酸锌，9.90；硫酸铜，0.28；七水硫酸锰，2.22；碘酸钙，0.42；水合硫酸钴，2.77。

0.5％（T0.5）、1％（T1）和 2％（T2）牛磺酸（纯度 99.5％）。根据 Han 等人（2014）的研究，制备包被牛磺酸以防止浸出损失，并进行了轻微的修改。所有原料均通过制粒机与 2 mm 的切割器。颗粒在 50 ℃干燥至含水量为 15％，在－20 ℃保存使用。

（3）饲养管理　将初始重量为（0.79±0.05）g 的 225 只刺参随机分到 15 个水槽（每个水槽 100 L），每个水槽 15 只刺参，每组 3 个重复。在试验过程中，对每个水槽进行连续曝气；平均水温维持在（17±2）℃，盐度范围为 28～30，溶解氧＞5 mg/L。每天 17：00 给刺参喂食约占其总体重 3％的饲料，并根据刺参的实际摄食情况调整投喂量。然后，每天用曝气后的海水换一半的水，以维持水质。

（4）样本采集　饲养 60 d 后，所有刺参禁食 24 h。对每个水槽中的刺参分别称重，每个水槽随机抽取 3 只刺参，无菌取肠道放入无菌无酶管中，保存在－80 ℃。用 RNA prep pure Tissue Kit 提取总 RNA。用 1.0％的琼脂糖凝胶电泳，检测 RNA 完整性，用蛋白-核酸分光光度计检测 RNA 浓度和纯度。使用 Prime Script™RT 试剂盒合成单链 cDNA。

（5）数据处理　所有数据均采用 SPSS 20.0 软件进行统计分析。采用单因素方差分析（ANOVA）和 Tukey's 多重检验来确定组间的差异。差异有统计学意义为 $P < 0.05$。

2. 结果　刺参肠道 ATP 合成酶和 $Aj - p105$、$Aj - lys$、$Aj - TRX$ 的基因表达水平如图 5 - 5 所示。与 T0 组相比，牛磺酸补充组的 ATP 合成酶和 $Aj - p105$、$Aj - lys$、$Aj - TRX$ 基因表达水平显著增加（$P < 0.05$）。T0.5 组，ATP 合酶和 $Aj - lys$ 的 mRNA 表达水平最高（分别为 1.10 倍和 2.28 倍）；T0.1 组，$Aj - p105$ 的 mRNA 表达水平最高（1.47 倍）。$Aj - TRX$ 的转录受到积极影响，T2 组增加约 0.48 倍。

3. 讨论　ATP 合酶是一种位于线粒体内膜上的酶，在氧化还原反应中起着重要作用。在本研究中，饲料中添加牛磺酸组的 ATP 合成酶的 mRNA 表达水平高于对照组。据报道，能量代谢与 ATP 水平密切相关。在早期发育阶段，ATP 合成酶促进代谢的快速激活，因此，饲料中添加牛磺酸可以提高刺参的能量代谢。核因子 κB（Nuclear factor κB，NF - κB）在炎症、免疫应答、发育和分化中起重要作用。以往的研究表明，NF - κB 信号通路在刺参中很活

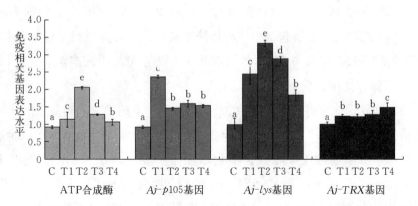

图5-5　刺参肠道 ATP 合成酶和 $Aj-p105$、$Aj-lys$、$Aj-TRX$ 的基因表达水平

图中标有不同小写字母者，表示组间有显著性差异（$P<0.05$）；标有相同小写字母者，表示组间无显著性差异（$P>0.05$）

跃。NF-κB 信号通路的作用是，调节刺参的免疫防御和提高其固有免疫应答。$Aj-rel$ 和 $Aj-p105$ 分别为一级和二级 NF-κB 成员，拥有许多共同特性。Rel 同源结构域（Rel-homology domain，RHD）与 DNA 结合，调节下游基因的表达。$Aj-p105$ 是一个限制因素，而 $Aj-rel$ 是一个非限制因素，不受饲料成分的影响（Yang 等人，2015）。在我们的研究中，饲料中添加牛磺酸，显著增加了 $Aj-p105$ 的 mRNA 表达水平，表明牛磺酸刺激了 $Aj-p105$ 基因的表达，增强了 NF-κB 信号转导通路。NF-κB 信号通路的激活过程涉及 150 多个靶基因的表达，包括溶菌酶（Lysozyme，LZM）。LZM 是抗菌肽家族的一员，是一种高度敏感的天然抗菌活性物质。LZM 可以切断 β-1,4-糖苷键，导致细菌溶解和死亡，从而有效去除病原体。因此，饲料添加牛磺酸，可以提高刺参的抗菌能力。此外，在本试验中，$Aj-TRX$ 的 mRNA 表达水平随着饲料牛磺酸水平的升高显著增加，$Aj-TRX$ 在刺参的免疫应答中起着重要作用，包括 DNA 合成和转录调节。这些结果与本研究观察到的体腔液和体壁酶活性变化趋势基本一致。推测日粮牛磺酸通过刺激肠道基因表达，从而增加体腔液和体壁免疫组分，增强刺参的非特异性免疫应答和刺参的肠道免疫应答。

综上所述，日粮牛磺酸显著影响刺参的肠道免疫基因表达水平。考虑到日粮牛磺酸水平对机体免疫功能的影响，通过对增重率和日粮牛磺酸含量的分析，刺参日粮牛磺酸的最佳需要量为干饲料 3 g/kg。

第三节　牛磺酸对许氏平鲉肠道
健康及消化能力的影响

≫ 饲料中添加牛磺酸对许氏平鲉免疫及抗应激能力的影响

许氏平鲉（*Sebastes schlegelii*）隶属于鲉形目（Scorpaeniformes）、鲉科（Scorpaenidae）、平鲉属（*Sebastes*），又称黑鲪、黑头、黑寨等，属冷温性近海底层鱼类，在我国北部沿海、日本、朝鲜及俄罗斯等区域均有分布，具有生长快、抗病性强、营养丰富和肉质鲜美等优点，现已成为我国沿海网箱养殖的重要经济鱼种之一。鱼类大多为低等动物，自身机体的防御机制仍主要为非特异性免疫。就鱼类而言，其非特异性免疫主要分为三部分，外部屏障（鳞片、表皮和黏液等），细胞免疫（吞噬细胞、淋巴细胞等）和体液免疫（溶菌酶、C3补体等）。应激作为机体在应激源刺激下所出现的非特异性免疫，会干扰鱼体自身的免疫水平。当应激源过猛时，会造成机体内部环境紊乱，自由基过度存在，导致肝脏、肠道等器官受到氧化损伤。而牛磺酸作为淋巴细胞、单核细胞和中性粒细胞中含量最高的游离氨基酸，可促进淋巴细胞增殖，促使巨噬细胞产生白介素-1以及提高血液和组织中的免疫酶活等，对于维持机体的免疫水平具有重要意义。因此，探究牛磺酸对于机体免疫水平和抗应激能力的影响是有必要的。

1. 材料与方法

（1）材料　许氏平鲉幼鱼购自大连金砣养殖有限公司，初始体重为（36.25±0.04）g，投喂 T1 组饲料暂养 1 周，以适应养殖环境。养殖试验持续 60 d。

（2）试验饲料的制备　本试验以豆粕、鱼粉为主要蛋白源，以鱼油为主要脂肪源，配制牛磺酸水平分别为 0（T1，对照）、0.8%（T2）、1.6%（T3）、2.4%（T4）、3.2%（T5）的 5 种等能低鱼粉饲料，饲料配方及营养成分见表5-2。甘氨酸的含量随着饲料中牛磺酸含量的增加而减少，以保证各试验饲料的氮含量一致。所有原料粉碎后过 60 目筛，按照配方添加原料进行逐级混匀，混匀过程中添加适量的水，使其黏合度适宜，经制粒机制成 2 mm 饲料，于

113

40 ℃烘箱中烘干至水分适宜后，于－20 ℃冰箱中保存备用。

表 5-2 试验饲料组成（％干物质基础）

原料	T1	T2	T3	T4	T5
鱼粉	20	20	20	20	20
酪蛋白	4	4	4	4	4
豆粕	36	36	36	36	36
小麦粉	12.11	12.11	12.11	12.11	12.11
小麦面筋粉	6	6	6	6	6
鱿鱼肝粉	5	5	5	5	5
鱼油	6	6	6	6	6
卵磷脂	4	4	4	4	4
酵母粉	2	2	2	2	2
氯化胆碱	1	1	1	1	1
维生素预混料[a]	0.19	0.19	0.19	0.19	0.19
矿物质预混料[b]	0.5	0.5	0.5	0.5	0.5
牛磺酸	0	0.8	1.6	2.4	3.2
甘氨酸	3.2	2.4	1.6	0.8	0
营养水平（％干物质）					
粗蛋白	46.22	46.71	47.12	46.34	46.82
粗脂肪	8.92	9.15	9.2	9.07	8.98
粗灰分	7.83	7.77	7.46	7.35	7.51

注：[a] 维生素预混料（g/kg 预混合物）：维生素 A，1 000 000 IU；维生素 D_3，300 000 IU；维生素 E，4 000 IU；维生素 K_3，1 000 mg；维生素 B_1，2 000 mg；维生素 B_2，1 500 mg；维生素 B_6，1 000 mg；维生素 B_{12}，5 mg；烟酸，1 000 mg；维生素 C，5 000 mg；泛酸钙，5 000 mg；叶酸，100 mg；肌醇，10 000 mg；载体葡萄糖及水≤10％。

[b] 矿物质预混料（mg/40 g 预混合物）：氯化钠，107.79；七水硫酸镁，380.02；二水磷酸氢钠，241.91；磷酸二氢钾，665.20；二水磷酸钙，376.70；柠檬酸铁，82.38；乳酸钙，907.10；氢氧化铝，0.52；七水硫酸锌，9.90；硫酸铜，0.28；七水硫酸锰，2.22；碘酸钙，0.42；水合硫酸钴，2.77。

（3）饲养管理 试验设置 5 个处理组，每个处理 3 个平行，共 15 个 200 L 方形聚乙烯水槽，所有水槽位置随机分配。试验开始前，停食 24 h，随机挑选大小均匀、体格健壮且无伤的许氏平鲉幼鱼 120 尾，随机平均分配到 15 个水槽中，每个水槽 15 尾许氏平鲉幼鱼。每天 8:00 和 17:00 投喂各组试验饲料至表观饱食。每天 18:30 进行换水，换水量为总水体的 1/3，每天上午投喂前吸底清理粪便。24 h 连续充气。试验期间及时捞出死亡鱼体并记录体重，每天测定水体温度 17.0～19 ℃，溶解氧浓度＞6 mg/L，pH 为 7.3～7.8。

（4）样品采集　试验结束后，停止投喂 24 h 后，对各组试验鱼进行称重计数。将试验鱼置于冰袋上解剖，去除内脏团，分离出肠道，每个处理组随机选 3 尾鱼取 1 cm 中肠，4% 多聚甲醛固定，用于制作肠道组织切片；剩余试验鱼截取完整前肠和肝脏，置于液氮中速冻，后转移至超低温冰箱（－80 ℃）中保存待测。肠道中淀粉酶（AMS）、脂肪酶（LPS）、蛋白酶（PRO）活性测定的试剂盒均购自南京建成生物工程研究所，测定方法步骤见说明书。肠道样品经乙醇脱水后置于二甲苯中透明，随后进行石蜡包埋处理，使用切片机横向间隔切片，而后进行苏木精-伊红（HE）染色，中性树胶封片。使用光学显微镜拍照后，用图像软件进行观察测量。

（5）数据处理　试验数据以平均值±标准误（Mean±SE）表示。使用 SPSS 21.0 软件，对试验数据进行单因素方差分析（One‐way ANOVA）。若结果差异显著（$P<0.05$），采用 Duncan 法进行分析。

2. 结果

（1）牛磺酸对许氏平鲉幼鱼肠道消化酶活的影响　牛磺酸对许氏平鲉幼鱼的肠道消化酶活指标的影响见表 5-3。从表 5-3 中可以看出随着牛磺酸含量的增加，许氏平鲉肠道酶活力呈现先升后降的趋势。T2～T4 组的 AMS、LPS 和 PRO 活力均显著高于对照组（$P<0.05$）；随后，在 T5 组开始出现下降趋势。

表 5-3　不同牛磺酸水平对许氏平鲉幼鱼的肠道消化酶活指标的影响

	T1	T2	T3	T4	T5
淀粉酶（U/mg prot）	0.05±0.01[a]	0.13±0.02[b]	0.20±0.03[c]	0.23±0.02[c]	0.08±0.00[ab]
脂肪酶（U/mg prot）	7.39±0.45[a]	27.05±13.37[b]	41.77±2.80[c]	30.92±2.96[bc]	9.54±0.91[a]
蛋白酶（U/mg prot）	3.05±0.03[a]	6.51±0.13[d]	3.65±0.09[ab]	4.30±0.38[bc]	5.04±0.49[c]

注：同行中标有不同小写字母者，表示组间有显著性差异（$P<0.05$）；标有相同小写字母者，表示组间无显著性差异（$P>0.05$）。

（2）牛磺酸对许氏平鲉肠道组织结构的影响　牛磺酸对许氏平鲉肠道组织结构的影响见表 5-4。各试验组的肌层厚度未表现出显著差异（$P>0.05$）。T2～T3 组的皱襞高度和皱襞宽度显著高于对照组（$P<0.05$）；但牛磺酸添加组 T2～T5 之间皱襞高度和皱襞宽度无显著差异（$P>0.05$）。

表 5-4　不同牛磺酸水平对许氏平鲉前肠组织学的影响

	T1	T2	T3	T4	T5
肌层厚度（μm）	33.68±1.01	40.09±4.00	39.61±6.05	40.52±3.15	45.71±7.14
皱襞高度（μm）	68.76±7.42[a]	94.53±4.26[b]	101.44±11.49[b]	89.27±2.53[ab]	99.12±4.22[b]
皱襞宽度（μm）	24.64±2.74[a]	31.87±0.51[b]	33.15±2.92[b]	30.70±0.25[ab]	29.99±0.68[ab]

注：同行中标有不同小写字母者，表示组间有显著性差异（$P<0.05$）；标有相同小写字母者，表示组间无显著性差异（$P>0.05$）。

（3）牛磺酸对许氏平鲉肠道形态结构的影响　牛磺酸对许氏平鲉肠道形态结构的影响如图 5-6 所示。由图 5-6a 可知，对照组许氏平鲉前肠皱襞高度较低，皱襞破损严重；由图 5-6b、c、d、e 可知，牛磺酸添加组肠道皱襞无明显损伤脱落情况，皱襞整齐排列。

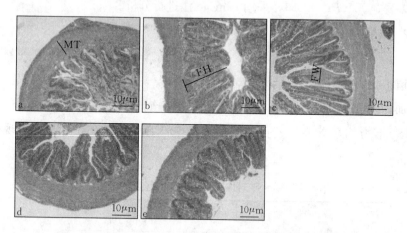

图 5-6　不同牛磺酸水平对许氏平鲉肠道形态结构的影响

MT，Muscular thickness：肌层厚度；FH，Fold height：皱襞高度；FW，Fold wight：皱襞宽度；a：T1 组；b：T2 组；c：T3 组；d：T4 组；e：T5 组

3. 讨论　鱼类肠道健康对于机体健康具有至关重要的作用，是机体吸收营养物质、调节内分泌和提供免疫屏障的重要场所。肠道结构的完整性是保持

机体生理和功能的前提，而鱼类肠道各组织结构的厚度相对较薄，更容易受损。本试验中，对照组长期投喂高植物蛋白饲料，皱襞损伤脱落，肠道受损严重；各牛磺酸添加组肠道完整，皱襞无明显的损伤情况。皱襞的重要作用是增大与食糜的接触面积，从而延长食糜在肠道的滞留时间并提高营养物质的吸收效率。本试验结果表明，牛磺酸可维持许氏平鲉肠道结构的完整性，增大皱襞的表面积，促进肠道的消化吸收。

鱼类肠道消化酶主要包括淀粉酶、脂肪酶和蛋白酶等。消化酶活性是反映鱼体生理机能的重要指标，可以直观展示鱼体对营养物质的吸收和利用情况。淀粉酶能够水解糖原、淀粉以及多糖糖苷键；脂肪酶可以将脂肪分解为自由脂肪酸和三酰甘油等，有利于鱼体进行消化吸收；蛋白酶具有把蛋白质分解为多肽、蛋白胨及游离氨基酸等的功能。本试验中，消化酶活力呈现先升后降的趋势，其中，牛磺酸添加组 T2、T3、T4 的 AMS、LPS 和 PRO 活力均显著高于对照组。这说明添加适宜的牛磺酸，可以显著提高许氏平鲉肠道消化酶的活性，进而提高鱼体对营养物质的消化吸收，促进机体生长。而本次试验中，消化酶活力曲线与鱼体增重曲线保持一致，表明肠道健康对于机体的生长发育至关重要。

第四节　牛磺酸对红鳍东方鲀肠道健康及消化能力的影响

>> 饲料中牛磺酸水平对红鳍东方鲀免疫及消化酶的影响

红鳍东方鲀是一种温暖的底栖肉食性近海鱼类。生长习性方面，最适生长水温为 21~25 ℃，栖息于礁区、沙泥底、河口、近海沿岸。冬居近海，春夏间入江河产卵索食，秋末返海。食用价值方面，肉质鲜美、营养丰富，是鱼类中脂肪含量最低的一种。红鳍东方鲀所含的蛋白质、氨基酸、二十二碳六烯酸（DHA）、二十碳五烯酸（EPA）含量更为鱼中之最，还含有丰富的维生素 B_1、B_2 以及硒、锌等多种微量元素。因此，被誉为"鱼中之王"，是河鲀中经济价值较高的一个种类。

近年来，众所周知，全球鱼粉资源有限。2020 年，我国主要饲料原料进口量大幅上升，豆粕、玉米市场价格持续上升；2021年，工业饲料需求量进一步增长，饲料产品价格保持高位运行，主要饲料原料供需总体偏紧。水产养殖从业者迫切寻找可以部分或完全替代水产饲料中鱼粉的优质蛋白质来源。在过去的20年里，一些研究调查了用其他动物或植物蛋白替代鱼饲料中的鱼粉。然而，部分植物蛋白来源，如大豆或棉籽等缺乏牛磺酸。

研究表明，饲料中添加牛磺酸，能促进红鳍东方鲀幼鱼的生长，提高幼鱼的增重率、特定生长率、饲料效率和摄食率。当添加量为1.0%时，各项生长指标最好。随着牛磺酸添加量的增加，红鳍东方鲀幼鱼生长呈现先上升后下降的趋势。本试验中，以红鳍东方鲀作为研究对象，通过在低鱼粉饲料中添加不同水平的牛磺酸，研究了牛磺酸对红鳍东方鲀肝脏免疫酶和抗氧化能力及肠道消化酶等指标的影响，以期为红鳍东方鲀低鱼粉饲料中选择适宜的饲料添加剂提供理论依据。

1. 材料与方法

（1）材料　试验用红鳍东方鲀幼鱼购自大连天正实业有限公司。将试验鱼暂养2周，暂养期间投喂T1组基础饲料，以适应实验室的养殖条件。

（2）试验饲料的制备　以酪蛋白和鱼粉作为蛋白质源，以鱼油和大豆卵磷脂作为脂肪源，配制牛磺酸水平分别为0（T1，对照）、0.5%（T2）、1.0%（T3）、2.0%（T4）和5.0%（T5）的5种等能量低鱼粉试验饲料，用甘氨酸调平饲料中的含氮量。具体配方及营养成分见表5-5。原料过60目筛，所有原料按照配方混合均匀后，制成直径为4 mm的软颗粒饲料，在-20℃下保存备用。

表5-5　试验饲料的组成（g/kg）

原　料	组　别				
	T1	T2	T3	T4	T5
鱼粉[a]	150.0	150.0	150.0	150.0	150.0
豆粕[b]	100.0	100.0	100.0	100.0	100.0
磷虾粉	50.0	50.0	50.0	50.0	50.0
面粉	90.0	90.0	90.0	90.0	90.0
玉米蛋白粉	100.0	100.0	100.0	100.0	100.0
啤酒酵母	20.0	20.0	20.0	20.0	20.0

（续）

原　料	组　别				
	T1	T2	T3	T4	T5
淀粉	80.0	80.0	80.0	80.0	80.0
纤维素	24.0	24.0	24.0	24.0	24.0
大豆卵磷脂	50.0	50.0	50.0	50.0	50.0
鱼油	50.0	50.0	50.0	50.0	50.0
螺旋藻	10.0	10.0	10.0	10.0	10.0
甜菜碱	3.0	3.0	3.0	3.0	3.0
氯化胆碱	3.0	3.0	3.0	3.0	3.0
维生素预混料[c]	10.0	10.0	10.0	10.0	10.0
矿物质预混料[d]	10.0	10.0	10.0	10.0	10.0
干酪素[e]	200.0	200.0	200.0	200.0	200.0
牛磺酸[e]	0.0	5.0	10.0	20.0	50.0
甘氨酸[e]	50.0	45.0	40.0	30.0	0.0
营养成分（%干物质）					
水分	313.3	290.0	317.6	308.0	310.4
粗蛋白	472.8	482.5	479.4	475.6	478.4
粗脂肪	146.9	140.1	145.4	142.0	141.2
灰分	72.6	73.3	74.7	75.8	77.0
牛磺酸	0.6	6.3	11.9	20.8	49.1

注：[a] 鱼粉：650 g/kg 蛋白质。

[b] 豆粕：400 g/kg 蛋白质。

[c] 维生素预混料（g/kg预混合物）：维生素 A，1 000 000 IU；维生素 D₃，300 000 IU；维生素 E，4 000 IU；维生素 K₃，1 000 mg；维生素 B₁，2 000 mg；维生素 B₂，1 500 mg；维生素 B₆，1 000 mg；维生素 B₁₂，5 mg；烟酸，1 000 mg；维生素 C，5 000 mg；泛酸钙，5 000 mg；叶酸，100 mg；肌醇，10 000 mg；载体葡萄糖及水≤10%。

[b] 矿物质预混料（mg/40 g 预混合物）：氯化钠，107.79；七水硫酸镁，380.02；二水磷酸氢钠，241.91；磷酸二氢钾，665.20；二水磷酸钙，376.70；柠檬酸铁，82.38；乳酸钙，907.10；氢氧化铝，0.52；七水硫酸锌，9.90；硫酸铜，0.28；七水硫酸锰，2.22；碘酸钙，0.42；水合硫酸钴，2.77。

[e] 酪蛋白、牛磺酸和甘氨酸：河南华阳生物科技有限公司。

（3）饲养管理 试验设置 5 个处理组，每个处理 3 个平行，共 15 个 200 L 方形聚乙烯水槽，所有水槽位置随机分配。试验开始前，停食 24 h，随机挑选大小均匀、体格健壮且体表无伤、初始体重为（32.28±0.20）g 的红鳍东方鲀幼鱼 225 尾，随机平均分配到 15 个水槽中，每个水槽 15 尾红鳍东方鲀幼鱼。每天 8:00 和 17:00 投喂放于 4 ℃ 冰箱提前分装好的饲料至表观饱食。每天 9:30 和 18:30 换水，换水量为总水体的 2/3，每天上午投喂前吸底清理粪便。24 h 连续充气。每天 7:00—19:00 日光灯照明，保持试验环境每天 12 h 光照、12 h 黑暗。试验期间及时捞出死亡鱼体并记录体重，每天通过 YSI 多参数水质测量仪测定水体温度为 23.0～24.5 ℃，溶解氧浓度＞6 mg/L，pH 为 7.3～7.8。

（4）样品采集 养殖试验结束后，红鳍东方鲀在取样前饥饿 24 h，以排空肠道内容物。组织样品的采集：将采集完体表黏液的试验鱼于冰袋上解剖，分离出中肠，将样品于液氮中速冻，然后转移至超低温冰箱（−80 ℃）中保存，以测定肠道消化酶活力。

（5）样品测定 肠道消化酶测定指标包括蛋白酶和脂肪酶，均采用南京建成生物工程研究所试剂盒进行测定。

（6）试验数据处理 试验数据以平均值±标准误差（Mean±SD）表示。用 SPSS 21.0 软件对数据进行单因素方差分析（One-way ANOVA）。若存在显著差异时，则用 Tukey's 法进行处理间多重比较，显著性水平为 $P < 0.05$。

2. 结果 从表 5-6 可见，随着饲料中牛磺酸含量的增加，红鳍东方鲀肠道酶活力呈现先升高后降低的趋势；T3 组脂肪酶活力最高且显著高于其他组（$P < 0.05$），其他组间无显著性差异（$P > 0.05$）；牛磺酸的添加量对蛋白酶活力无显著影响（$P > 0.05$）。

表 5-6　不同水平牛磺酸对红鳍东方鲀肠道消化酶的影响

	T1	T2	T3	T4	T5
脂肪酶（LPS）(U/g prot)	22.82±1.26[a]	24.99±1.89[a]	24.18±1.04[a]	42.02±0.22[b]	24.34±2.51[a]
蛋白酶（PRO）(U/mg prot)	0.93±0.19	0.36±0.07	0.71±0.06	1.20±0.12	1.00±0.14

3. 讨论　本试验结果表明，饲料中添加牛磺酸，可使红鳍东方鲀肠道脂肪酶活力显著增强，具有促进脂肪消化、吸收和代谢的作用。大量的研究表明，牛磺酸与游离胆酸形成牛磺胆酸，再结合以胆汁酸盐的形式随胆汁进入消化道的胆汁酸，能促进脂肪和脂溶性维生素的消化吸收，同时，还能增加胆固醇的溶解与排出。高春生等、罗莉等、龙勇等研究表明，牛磺酸可提高黄河鲤、草鱼肠道消化酶活力，促进营养物质的消化吸收，促进生长，提高营养效应和饲料利用率。

第五节　牛磺酸对其他水产动物肠道健康及消化能力的影响

≫ 一、牛磺酸对淡水养殖南美白对虾的体组成、消化酶活性的影响

在南美白对虾虾苗饲料中，分别添加牛磺酸 0（A组）、0.15%（B组）、0.30%（C组）、0.45%（D组）和0.60%（E组），制作5种不同牛磺酸含量的等氮等能饲料。养殖试验持续56 d。养殖试验开始后，每天在 05:30、10:30、16:30 和 22:30 分别投喂5组试验饲料。结果表明，摄食含不同剂量牛磺酸的饲料后，各组对虾肌肉粗蛋白和肌肉灰分含量无显著差异（$P > 0.05$）；随着饲料中牛磺酸含量的增加，D组（5.79 mg/g）和E组（7.48 mg/g）的对虾肌肉具有最低的水分含量（$P < 0.05$）和最高的粗脂肪含量（$P < 0.05$）。饲料中牛磺酸水平对南美白对虾肝胰腺消化酶活性有显著影响（$P < 0.05$）。D组（5.79 mg/g）和E组（7.48 mg/g）对虾肝胰腺蛋白酶及脂肪酶活性显著高于其他各组（$P < 0.05$）；淀粉酶活力总体上随着饲料牛磺酸含量的增加逐渐增加，D组（5.79 mg/g）和E组（7.48 mg/g）显著高于A组（1.42 mg/g）和C组（4.37 mg/g），推测可能是牛磺酸促进了三碘甲腺原氨酸的分泌，而三碘甲腺原氨酸是调节戊糖磷酸循环关键酶（即 1,6-磷酸脱氢酶）的因素之一，它可增强碳水化合物的利用，促进脂肪酸合成及关键酶的转录，继而促进脂肪合成，使体脂增多。

≫ 二、牛磺酸对卵形鲳鲹的肠道微生物、肠道免疫基因表达的影响

在卵形鲳鲹（*Trachinotus ovatus*）饲料中，以鱼粉、发酵豆粕和玉米蛋

白粉作为蛋白源，鱼油作为脂肪源，共配制了 5 种不同牛磺酸添加量的等氮等脂饲料。各组牛磺酸重量分数分别为 1.3 g/kg（T0）、4.4 g/kg（T1）、7.4 g/kg（T2）、10.5 g/kg（T3）、12.7 g/kg（T4）。养殖试验持续 8 周。结果表明，肠道菌群 Alpha 多样性和 Beta 多样性分析结果显示，饲料中牛磺酸含量能够调节肠道微生物菌群的丰富度和多样性，改变肠道菌群结构；在卵形鲳鲹肠道菌群组成中，占据主导地位的主要包括变形菌门、软壁菌门、螺旋体门，这与已有研究一致。在不同种类生物中，肠道菌群组成和丰度往往存在很大差异，这与环境因子和饲养条件有很大关系。另外，正常与炎症个体肠道菌群同样存在显著差异，在患有肠皱襞萎缩和固有层炎症的大西洋鲑肠道中，乳球菌属较正常个体显著增加。在门水平上，卵形鲳鲹变形菌门和软壁菌门的相对丰度随牛磺酸含量显著变化，适当地添加牛磺酸，能降低变形菌门和螺旋体门的相对丰度，提高软壁菌门和拟杆菌门的相对丰度；在属水平上，卵形鲳鲹支原体菌属、短螺旋体属和甲基杆菌属随牛磺酸含量发生显著变化，支原体菌属丰度显著降低，短螺旋体属丰度显著增加，甲基杆菌属也呈增加趋势。优势菌群往往会影响宿主自身微生物的组成和结构；并且发现牛磺酸有可能通过提高肠道 SCFA 含量来抑制致病微生物，降低致病菌丰度。

同时，此试验中饲料牛磺酸含量增加，显著下调肠免疫基因 *ToTLR*-1、*ToTLR*-2、*ToNFκBP65*、*ToTNF*-α 和 *ToIL*-1β 的表达；显著上调肠免疫基因 *ToIL*-10 的表达。牛磺酸具有通过抑制 NF-κB 的活化，从而调节促炎性细胞因子在体内调节炎症过程的能力。研究表明，牛磺酸可以调节感染链球菌炎症反应期间 TLRs/NF-κB 信号通路，降低 TLR-2 和 NF-κBP65 的表达。IL-1β 和 TNF-α 的表达与 TLR 有关，TLR 可以激活 MyD88 依赖性途径，通过 NF-κB 诱导 IL-1β 和 TNF-α 表达。豆粕替代鱼粉，提高了鲈 IL-1β 和 TNF-α 的表达，而通过添加牛磺酸能够显著抑制 IL-1β 和 TNF-α 两种促炎性因子的表达，缓解植物性蛋白引起的炎症反应；牛磺酸能够降低大鼠血清 TNF-α 活性和肉鸡血浆 TNF-α 含量，这表明牛磺酸可以通过基因表达和酶活性两个层次，对炎性因子产生影响。有研究发现，IL-10 可以下调 TNF-α 表达，补充牛磺酸也可以降低草鱼 TNF-α 基因的表达，这可能与 IL-10 有关。IL-10 是肠道中重要的抗炎细胞因子，IL-10 上调有利于缓解由植物性蛋白替代引起的肠道炎症。在本试验中，有可能是牛磺酸引起 IL-10 基因表达的上调，导致 TNF-α 表达受到抑制。内毒素是革兰氏阴性菌细胞壁的主要成分之一，与某些生物分子结合形成的化合物可引起毒性反应。有证据表明，牛磺酸能够减少炎症细胞的浸润和内毒素的含量，缓解小鼠炎症引起的肠道黏膜损伤，这有可能是牛磺酸通过抑制内毒素转移来发挥作用；牛磺酸还能和多种物质结合，形成在炎性反应中具有重要作用的牛磺酸代谢物，能够抑制 NF-κB 的活化和 NO、TNF-α、促炎因子白细胞介素等的生成。牛磺酸摄入有可能导致牛磺酸代谢物的增加，下调了促炎因子的表达。

>> 三、牛磺酸对草鱼的肝胰脏和肠道消化酶的影响

在饲料中牛磺酸水平对草鱼影响的试验中，设计 1 个对照组（T0），饲料中不添加牛磺酸；7 个试验组：T200、T400、T600、T800、T1 000、T1 400、T1 800，分别在饲料中添加牛磺酸 200、400、600、800、1 000、1 400 和 1 800 mg/kg（均以纯品计）。试验期间，每天 8:00、12:00 和 18:00 各投喂饲料 1 次，投喂量为体重的 1%～2%。结果表明，草鱼肝胰脏蛋白酶活性在添加 200～800 mg/kg 牛磺酸后显著高于对照组（$P<0.05$），其中 200 mg/kg 组活性最高，比对照组增高 75.16%（$P<0.05$）；肠道蛋白酶活性，600 mg/kg 组比对照组增高 26.24%（$P<0.05$）；添加 1 800 mg/kg 组，肝胰脏和肠道蛋白酶活性分别比对照组低 34.55% 和 31.52%（$P<0.05$）。

肝胰脏、肠道淀粉酶活性：添加牛磺酸 200～1 800 mg/kg 组均显著高于对照组（$P<0.05$）。随添加量变化，两种组织淀粉酶活性均呈现上升然后下降趋势。肝胰脏、肠道淀粉酶活性分别在 600 mg/kg、800 mg/kg 添加量时最高，分别比对照组增强 679.2% 和 616.72%（$P<0.05$）。

肝胰脏、肠道脂肪酶活性：在添加量为 400～1 000 mg/kg 时显著高于对照组（$P<0.05$），200 mg/kg 组与对照组差异不显著（$P>0.05$），1 800 mg/kg 组显著低于对照组（$P<0.05$）。肝胰脏、肠道脂肪酶活性分别在 600 mg/kg 组和 800 mg/kg 组最高，分别比对照组增强 163.31% 和 612.81%（$P<0.05$）。

⟫ 参考文献

艾庆辉，谢小军，2005. 水生动物对植物蛋白源利用的研究进展 [J]. 中国海洋大学学报（自然科学版）（6）：51-57.

曹逸铭，高勤峰，董双林，等，2019. 饲料中肉骨粉和豆粕替代鱼粉对虹鳟生长和氮收支的影响 [J]. 中国海洋大学学报（自然科学版），49 (3)：79-85.

董晓庆，张东鸣，葛晨霞，2013. 牛磺酸在鱼类营养上的研究进展 [J]. 中国畜牧兽医，39 (6)：125-127.

冯琳，彭艳，刘扬，等，2011. 晶体苏氨酸和微囊苏氨酸对幼建鲤生长性能和消化吸收能力影响的比较研究 [J]. 动物营养学报，23 (5)：771-780.

冯雪，吴志新，祝东梅，等，2008. 草鱼和银鲫肠道产消化酶细菌的研究 [J]. 淡水渔业 (3)：51-57.

高春生，范光丽，王艳玲，2007. 牛磺酸对黄河鲤鱼生长性能和消化酶活性的影响 [J]. 中国农学通报，23 (6)：645-647.

谷珉，2013. 影响海水鱼虾对植物蛋白利用的抗营养因子和蛋氨酸的研究 [D]. 青岛：中国海洋大学.

郝甜甜，王际英，李宝山，等，2019. 复合动植物蛋白部分替代鱼粉对大菱鲆幼鱼生长、体成分及生理生化指标的影响 [J]. 渔业科学进展，40 (4)：11-20.

何天培，呙于明，周毓平，2000. 牛磺酸对肉仔鸡卵黄囊吸收及甲状腺激素代谢的影响 [J]. 动物营养学报，12 (1)：38-41.

胡毅，谭北平，麦康森，等，2008. 饲料中益生菌对凡纳滨对虾生长、肠道菌群及部分免疫指标的影响 [J]. 中国水产科学，15 (2)：244-251.

黄玉章，林旋，王全溪，等，2010. 黄芪多糖对罗非鱼肠绒毛形态结构及肠道免疫细胞的影响 [J]. 动物营养学报，22 (1)：108-116.

李航，黄旭雄，王鑫磊，等，2017. 饲料中牛磺酸含量对淡水养殖凡纳滨对虾生长、体组成、消化酶活性及抗胁迫能力的影响 [J]. 上海海洋大学学报，26 (5)：706-715.

李秀玲，刘宝锁，张楠，等，2019. 发酵豆粕替代鱼粉对卵形鲳鲹生长和血清生化的影响 [J]. 南方水产科学，15 (4)：58-75.

梁勇，秦环龙，2012. 益生菌调节肠内细胞信号通路研究进展 [J]. 中华临床营养杂志，20 (2)：112-116.

刘兴旺，李晓宁，朱琳，2011. 南美白对虾饲料中添加牛磺酸效果的研究 [J]. 中国饲

料 (21)：35-36.

刘媛，王维娜，王安利，等，2005. 牛磺酸对日本沼虾生长及酚氧化酶活性的影响 [J].
　淡水渔业，35 (2)：28-30.

龙勇，罗莉，幺相姝，等，2004. 灌喂牛磺酸对草鱼消化酶活性的影响 [J]. 西南农业
　大学学报：自然科学版，26 (5)：650-653.

罗莉，文华，王琳，等，2006. 牛磺酸对草鱼生长、品质、消化酶和代谢酶活性的影响
　[J]. 动物营养学报，18 (3)：166-171.

马启伟，郭梁，刘波，等，2021. 牛磺酸对卵形鲳鲹肠道微生物及免疫功能的影响 [J].
　南方水产科学，17 (2)：87-96.

马西艺，乐国伟，施用晖，等，2004. 乳杆菌肽聚糖对结肠癌细胞的抑制作用及其免疫
　机制研究 [J]. 营养学报，26 (6)：467-470.

邱小琮，赵红雪，王远吉，等，2008. 牛磺酸对鲤非特异性免疫及抗氧化能力的影响
　[J]. 上海水产大学学报，17 (4)：429-434.

尚宪明，2014. 南极大磷虾脂肪酶提取纯化及其酶学性质研究 [D]. 青岛：中国海洋大学.

孙立元，郭华阳，朱彩艳，等，2014. 卵形鲳鲹育种群体遗传多样性分析 [J]. 南方水
　产科学，10 (2)：67-71.

谭丽娜，2009. 锌对幼建鲤消化吸收能力、免疫能力和抗氧化功能的影响 [D]. 成都：
　四川农业大学.

田娟，郜卫华，文华，2018. 水产动物肠道健康与饲料添加剂 [J]. 动物营养学报，30
　(1)：7-13.

王和伟，叶继丹，陈建春，2013. 牛磺酸在鱼类营养中的作用及其在鱼类饲料中的应用
　[J]. 动物营养学报，25 (7)：1418-1428.

王猛强，黄晓玲，金敏，等，2015. 饲料中添加植物精油对凡纳滨对虾生长性能及肠道
　健康的改善作用 [J]. 动物营养学报，27 (4)：1163-1171.

王文娟，潘宝海，孙冬岩，等，2012. 水产动物肠道菌群的形成及其生理作用 [J]. 饲
　料研究 (2)：37-39.

王秀武，杜昱光，白雪芳，等，2003：壳寡糖对肉仔鸡肠道主要菌群、小肠微绒毛密
　度、免疫功能及生产性能的影响 [J]. 动物营养学报，15 (4)：32-35.

王亚军，林文辉，杨智慧，等，2013. 发酵豆粕部分替代鱼粉对日本鳗鲡生长性能和体
　内矿物元素的影响 [J]. 南方水产科学，9 (3)：39-43.

夏磊，赵明军，张洪玉，等，2015. 不同比例复合益生菌对凡纳滨对虾生长、免疫及抗
　氨氮能力的影响 [J]. 中国水产科学，22 (6)：1299-1307.

徐贺，郑伟，陈秀梅，等，2016. 丙氨酰-谷氨酰胺和 γ-氨基丁酸对建鲤生长、饲料利用及体成分的影响 [J]. 华南农业大学学报，37（2）：7-13.

徐奇友，许红，郑秋珊，等，2007. 牛磺酸对虹鳟仔鱼生长、体成分和免疫指标的影响 [J]. 动物营养学报，19（5）：544-548.

徐奇友，王常安，许红，等，2009. 丙氨酰-谷氨酰胺对哲罗鱼仔鱼生长和抗氧化能力的影响 [J]. 动物营养学报，21（6）：1012-1017.

徐志强，豆腾飞，赵平，等，2020. 植物蛋白替代鱼粉饲料中添加精氨酸对丝尾鳠生长、血液生化及肠道组织结构的影响 [J]. 云南农业大学学报（自然科学），35（2）：251-261.

余冰，张克英，郑萍，等，2010. 猪营养与肠道健康 [J]. 中国畜牧杂志，46（15）：73-76.

张江，潘雪男，Patill A K，2017. 断奶仔猪使用益生菌作为饲料添加剂（综述）[J]. 国外畜牧学（猪与禽），37（1）：63-64.

张书松，王春秀，高春生，2008. 牛磺酸对黄河鲤鱼抗缺氧能力的影响 [J]. 饲料研究（2）：56-57.

赵永锋，宋迁红，2014. 南美白对虾养殖概况及病害防控措施 [J]. 科学养鱼（7）：13-17，29.

周婧，王旭，刘霞，等，2019. 饲料中牛磺酸水平对红鳍东方鲀免疫及消化酶的影响 [J]. 大连海洋大学学报，34（1）：101-108.

周歧存，麦康森，刘永坚，等，2005. 动植物蛋白源替代鱼粉研究进展 [J]. 水产学报（3）：404-410.

Baeza-Arino R，Martinez-Llorens S，Nogales-Me-Rida S，et al.，2016. Study of liver and gut alterations in sea bream *Sparus aurata* L.，fed a mixture of vegetable protein concentrates [J]. Aquaculture Research，47（2）：460-471.

Chen J，Zhou X Q，Feng L，et al.，2009. Effects of glutamine on hydrogen peroxide-induced oxidative damage in intestinal epithelial cells of Jian carp（*Cyprinus carpio* var. Jian）[J]. Aquaculture，288（3/4）：285-289.

Cheng S X，Li C H，Wang Y，et al.，2016. Characterization and expression analysis of a thioredoxin-like protein gene in the sea cucumber *Apostichopus japonicus* [J]. Fish and Shellfish Immunology，58：165-173.

Cheng Z Y，Buentello A，Gatlin D M，2011. Effects of dietary arginine and glutamine on growth performance，immune responses and intestinal structure of red drum，*Sciaenops ocellatus* [J]. Aquaculture，319（1/2）：247-252.

Dai Z L，Li X L，Xi P B，et al.，2013. L‑glutamine regulates amino acid utilization by intestinal bacteria [J]. Amino Acids，45 (3)：501‑512.

Espe M，Ruohonen K，El‑Mowafi A，2011. Effect of taurine supplementation on the metabolism and body lipid‑to‑protein ratio in juvenile Atlantic salmon (*Salmo salar*) [J]. Aquaculture Research，43 (3)：349‑360.

Gersemann M，Wehkamp J，Stange E F，2012. Innate immune dysfunction in inflamma‑tory bowel disease [J]. Journal of Internal Medicine，271 (5)：421‑428.

Hansen G H，Rasmussen K，Niels‑Chris‑Tiansen L L，et al.，2011. Dietary free fat‑ty acids form alkaline phosphatase‑enriched microdomains in the intestinal brush bor‑der membrane [J]. Molecular Membrane Biology，28 (2)：136‑144.

Haynes T E，Li P，Li X L，et al.，2009. L‑glutamine or L‑alanyl‑L‑glutamine pre‑vents oxidant‑or endotoxin‑induced death of neonatal enterocytes [J]. Amino Acids，37 (1)：131‑142.

Jiang J，Shi D，Zhou X Q，et al.，2015. In vitro and in vivo protective effect of arginine against lipopolysaccharide induced inflammatory response in the intestine of juvenile Jian carp (*Cyprinus carpio* var. Jian) [J]. Fish&Shellfish Immunology，42 (2)：457‑464.

Kim S K，Matsunari H，Takeuchi T，et al.，2008. Comparison of taurine biosynthesis ability between juveniles of Japanese flounder and common carp [J]. Amino Acids，35：161‑168.

Li P，Mai K，Trushenski J，et al.，2009. New developments in fish amino acid nutri‑tion：Towards functional and environmentally oriented aquafeeds [J]. Amino Acids，37：43‑53.

Maynard C L，Elson C O，Hatton R D，et al.，2012. Reciprocal interactions of the in‑testinal microbiota and immune system [J]. Nature，489 (7415)：231‑41.

Pinto W，Figueira L，Ribeiro L，et al.，2010. Dietary taurine supplementation enhances metamorphosis and growth potential of *Solea senegalensis* larvae [J]. Aquaculture，309 (1/4)：159‑164.

Pohlenz C，Buentello A，Bakke A M，et al.，2012. Free dietary glutamine improves in‑testinal morphology and increases enterocyte migration rates，but has limited effects on plasma amino acid profile and growth performance of channel catfish *Ictalurus punctatus* [J]. Aquaculture，370/371：32‑39.

Qi G S，Ai Q H，Mai K S，et al.，2012. Effects of dietary taurine supplementation to a casein – based diet on growth performance and taurine distribution in two sizes of juvenile turbot (*Scophthalmus maximus* L.) [J]. Aquaculture, 358 – 359: 122 – 128.

Salze G P, Davis D A, 2015. Taurine: A critical nutrient for future fish feeds [J]. Aquaculture, 437: 215 – 229.

Shi L, Zhao Y, Wei L, et al. , 2021. An evaluation on taurine addition in the diet of juvenile sea cucumber (*Apostichopus japonicus*): Growth, biochemical profiles and immunity genes expression [J]. Aquaculture Nutrition, 27 (5): 1315 – 1323.

Ueno P M, Ori R B, Maier E A, et al. , 2011. Alanylglutamine promotes intestinal epithelial cell homeostasis in vitro and in a murine model of weanling undernutrition [J]. American Journal of Physiology Gastrointestinal and Liver Physiology, 301 (4): 612 – 622.

Wen H L, Feng L, Jiang W D, et al. , 2014. Dietary tryptophan modulates intestinal immune response, barrier function, antioxidant status and gene expression of TOR and Nrf2 in young grass carp (*Ctenopharyngodon idella*) [J]. Fish & Shellfish Immunology, 40 (1): 275 – 287.

Wu G Y, 2010. Functional amino acids in growth, reproduction, and health [J]. Advances in Nutrition: An International Review Journal, 1 (1): 31 – 37.

Xi P B, Jiang Z Y, Zheng C T, et al. , 2011. Regulation of protein metabolism by glutamine: implications for nutrition and health [J]. Frontiers in Bioscience, 16 (2): 578 – 597.

Yan L, Zhou X Q, 2006. Dietary glutamine supplementation improves structure and function of intestine of juvenile Jian carp (*Cyprinus carpio* var. Jian) [J]. Aquaculture, 256 (1/2/3/4): 389 – 394.

Yu H, Guo Z, Shen S, et al. , 2016. Effects of taurine on gut microbiota and metabolism in mice [J]. Amino Acids, 48 (7): 1601 – 1617.

Zhou Y X, Zhang P S, Deng G C, et al. , 2012. Improvements of immune status, intestinal integrity and gain performance in the early – weaned calves parenterally supplemented with L – alanyl – L – glutamine dipeptide [J]. Veterinary Immunology and Immunopathology, 145 (1/2): 134 – 142.

第六章

牛磺酸对水产动物肝脏健康及
脂肪代谢的影响

第一节　水产动物肝脏健康的调控

随着水产养殖业的迅速发展和养殖规模的逐步扩大，天然饵料的供应已无法满足水产养殖产业的需求，因此，优质的全价配合饲料已成为水产养殖产业关注的焦点。水产饲料添加剂在饲料生产加工过程中广泛使用，对强化基础饲料营养价值、提高水产动物生长性能、保证水产动物健康、节省饲料成本、改善产品品质、减少环境污染等方面效果显著。目前，随着行业的发展，水产动物饲料的配制使用与健康养殖间的矛盾日渐突出，主要体现在以下几个方面：①大多数饲料厂家及养殖户过多地关注饲料蛋白含量的高低，而忽略了饲料蛋白水平（如必需氨基酸平衡等问题），从而引起养殖弊端；②矿物质和维生素等在饲料中盲目添加，导致添加过量（如石粉等钙质原料），或比例失衡，从而对水产动物生长不利，甚至诱发疾病；③饲料厂家及养殖户过多地关注饲料系数，追求高利润的同时使用抗生素和促生长激素类添加剂，导致水产动物应激能力差，水质污染，从而影响健康养殖。因此，科学合理地利用营养的方法，提高水产动物的生长、抗病力和抗应激能力十分重要。饲料的营养水平可以影响水产动物的健康状况，而水产动物的健康状况又可以作为饲料营养需求的评估指标，两者需要综合考虑，缺一不可，需全面保证营养供给的同时，提倡健康养殖理念，缓和水产动物饲料的配制使用与健康养殖间的矛盾，促进水产养殖产业健康可持续发展。

对于大多数水产动物而言，肝脏是其体内葡萄糖、脂肪和蛋白质代谢的重要场所，也是水产动物重要的解毒器官，其结构的完整是机体行使正常生理功能的关键。研究表明，饲料的营养搭配会影响肝脏的脂肪合成，饲料营养搭配不当，会导致脂肪合成和代谢不平衡，从而造成生长速度和饲料利用水平的降低、免疫力和应激耐受性的降低、肉质和口感的降低、病害易感性和死亡率上升。孙飞在探究日粮豆粕含量（20%、30%、40%和50%）对黄颡鱼生长和健康的损伤以及两种添加剂对其修复作用的研究中表明，随着饲料中豆粕水平的升高，血清球蛋白含量呈现先下降后上升的趋势，证实饲料中鱼粉水平一定时，豆粕含量过低或过高，均会造成机体免疫应激，导致肝脏损伤；杨雨生在探究不同添加剂（姜黄素、壳聚糖、维生素 C＋维生素 B₂ 和 4 种添加剂配伍）对黄颡鱼生长、消化、脂代谢及免疫机制的影响的研究中表明，4 种添加剂均能不同程度地促进黄颡鱼肝功能，降低肝损伤风险，且配伍组会产生一定的协同功效，但高剂量配伍饲料会造成一定程度的肝损伤；邢君霞在裂殖壶藻油替代鱼油对草鱼生长、健康状况及脂质代谢影响的研究中表明，裂殖壶藻可以提高草鱼肝胰腺的抗氧化酶活性，但其提高程度与饲料中的添加剂量相关；邓君明在动植物蛋白源对牙鲆摄食、生长和蛋白质及脂肪代谢影响的研究中表明，饲喂植物性蛋白源牙鲆肝脏中脂肪含量显著高于动物性蛋白源，且植物蛋白源组肝脏组织结构受损严重，肝脏组织空泡化现象严重，脂肪肝发病率显著提高。综上所述，水产动物肝脏健康会受到饲料营养搭配的调控，因此，从营养学角度进一步探究水产动物饲料与肝脏健康的关系，对于促进水产动物饲料研发及促进水产健康养殖发展具有重要意义。

第二节　牛磺酸对刺参体壁
及脂肪代谢的影响

　　牛磺酸（2-氨基乙磺酸）天然存在于动物体内，包括哺乳动物、鸟类、鱼类和水生无脊椎动物。牛磺酸通过半胱氨酸来源于甲硫氨酸，人、猴子和猫控制牛磺酸转运速率的半胱氨酸亚磺酸脱羧酶活性低。因此，牛磺酸需要从饮食来源获得。动物的生理功能受牛磺酸影响。以往的研究表明，动物的生长性能受到饮食中牛磺酸水平的积极影响，如仔猪、大菱鲆幼鱼、欧洲鲈、虹鳟和鹦鹉鱼幼鱼。然而，关于牛磺酸对水生无脊椎动物影响的研究，主要集中在虾上。此外，在动物中的研究发现饲料中添加牛磺酸，可减少氧化应激，增强大鼠的抗氧化能力，并且牛磺酸参与渗透调节、胆固醇代谢、免疫系统的调节和鱼类神经系统的发育。在水生无脊椎动物养殖中，提高水生无脊椎动物的免疫力，是保证质量的一种有前途的方法。因此，应该在棘皮动物、养殖的软体动物和甲壳类动物中研究牛磺酸的益处。

Okorie 等（2008）报道，在亚洲，刺参（棘皮动物门、刺参纲）是一种重要的经济水产动物。但是，关于牛磺酸对刺参影响的相关文献却很少。Zhao 等（2017）提出，饲料中添加牛磺酸，对刺参的生长性能没有显著影响。El - Sayed（2014）报道，饲料中牛磺酸的反应程度受鱼体重的影响，在生命早期阶段更为明显。肠道是刺参体腔中的主要器官，在营养物质的消化和吸收中起作用。Pitman 等（2001）检查了与预防感染和上皮损伤有关的肠道免疫功能。因此，我们选择幼参作为研究对象，对其生长性能、近似组成、氨基酸含量、免疫酶和抗氧化酶等进行了研究。利用聚合酶链反应技术，研究了 4 种免疫基因在刺参肠道中的表达水平。

1. 材料与方法

（1）材料　刺参来自金砣水产食品有限公司。所有的刺参在饲养试验前 2 周都适应了实验室条件。喂养试验的持续时间为 60 d。

（2）试验饲料的制备　以发酵豆粕、鱼粉和磷虾粉作为主要的蛋白质来源。设计了 5 个等氮等能试验日粮（表 6 - 1），分别添加 0（T0）、0.1%（T0.1）、0.5%（T0.5）、1%（T1）和 2%（T2）牛磺酸（99.5% 纯度）。根据 Han 等（2014）的说法，制备包被牛磺酸是为了防止浸出损失，但稍做修改。将所有成分充分混合，并通过制粒机切割。颗粒在 50 ℃下干燥至含水量为 15%，并在 −20 ℃下储存以供使用。

表 6 - 1　试验日粮的组成（g/kg 干物质）

成分	T0	T0.1	T0.5	T1	T2
牛磺酸	0.0	1.0	5.0	10.0	20.0
马尾藻	600.0	600.0	600.0	600.0	600.0
海泥	100.0	100.0	100.0	100.0	100.0
白鱼粉	25.0	25.0	25.0	25.0	25.0
矿物质预混料[a]	20.0	20.0	20.0	20.0	20.0
维生素预混料[b]	20.0	20.0	20.0	20.0	20.0
发酵豆粕	90.0	90.0	90.0	90.0	90.0
小麦面粉	45.0	45.0	45.0	45.0	45.0

（续）

成分	T0	T0.1	T0.5	T1	T2
磷虾粉	25.0	25.0	25.0	25.0	25.0
明胶	20.0	20.0	20.0	20.0	20.0
卡拉胶	7.5	7.5	7.5	7.5	7.5
微晶纤维素	47.5	46.5	42.5	37.5	27.5
营养成分（%）					
水分	167.7	175.6	173.4	178.3	184.5
灰分	420.5	421.3	421.6	424.5	427.1
粗脂肪	36.5	37.4	36.9	37.3	36.6
粗蛋白	140.0	140.0	143.6	144.7	145.1
牛磺酸	0.2	0.9	3.8	7.8	17.3
总能量（计算值 MJ/kg）	11.38	11.41	11.39	11.35	11.29

注：[a] 维生素预混料（g/kg 预混合物）：维生素 A，1 000 000 IU；维生素 D$_3$，300 000 IU；维生素 E，4 000 IU；维生素 K$_3$，1 000 mg；维生素 B$_1$，2 000 mg；维生素 B$_2$，1 500 mg；维生素 B$_6$，1 000 mg；维生素 B$_{12}$，5 mg；烟酸，1 000 mg；维生素 C，5 000 mg；泛酸钙，5 000 mg；叶酸，100 mg；肌醇，10 000 mg；载体葡萄糖及水≤10%。

[b] 矿物质预混料（mg/40 g 预混合物）：氯化钠，107.79；七水硫酸镁，380.02；二水磷酸氢钠，241.91；磷酸二氢钾，665.20；二水磷酸钙，376.70；柠檬酸铁，82.38；乳酸钙，907.10；氢氧化铝，0.52；七水硫酸锌，9.90；硫酸铜，0.28；七水硫酸锰，2.22；碘酸钙，0.42；水合硫酸钴，2.77。

（3）饲养管理 将初始平均重量为（0.79±0.05）g 的 225 只刺参，以每个水槽 15 只刺参的密度随机分配到 15 个水槽（100 L）中，形成 3 个重复组。在试验过程中，每个罐连续充气；平均水温保持为（17±2）℃；盐度为 28～30，溶解氧＞5 mg/L。每天在 17：00 时进行投喂，刺参投喂量约为其总体重的 3%，投喂量应根据刺参的实际摄食情况进行调整。之后，每天用曝气海水更换一半的水，以维持水质。

（4）样品采集 在 60 d 喂养试验后，所有刺参禁食 24 h。对每个水槽中的刺参分别称重，以确定最终体重。每个水槽随机抽取 4 只刺参，无菌取其体壁，用于测定免疫酶和抗氧化酶活性。取样后，所有样品都保存在－80 ℃下，以便进一步分析。

（5）数据分析　所有数据均采用 SPSS 20.0 软件进行统计分析。采用单因素方差分析（ANOVA）和 Tukey's 多范围检验来确定组均值之间的差异。显著性差异设定为 $P<0.05$。

2. 结果　表 6-2 给出了不同饮食水平的牛磺酸对刺参抗氧化酶活性的影响。日粮牛磺酸水平，显著影响总超氧化物歧化酶（T-SOD）和过氧化氢酶（CAT）活性（$P<0.05$）。T0.1、T0.5 和 T1 组的超氧化物歧化酶活性明显高于 T0 组；而过氧化氢酶活性在 T0.1、T0.5 和 T1 组有所提高。血浆总抗氧化力（T-AOC）和丙二醛（MDA）不受饮食中牛磺酸水平的影响（$P>0.05$）。

表 6-2　喂食不同水平牛磺酸对刺参体壁抗氧化酶活性的影响

指标	T0	T0.1	T0.5	T1	T2
总超氧化物歧化酶 （U/mg prot）	17.45 ± 0.21^a	20.42 ± 0.44^b	20.51 ± 0.04^b	21.75 ± 0.07^c	17.69 ± 0.40^a
过氧化氢酶 （U/mg prot）	5.21 ± 0.44^{ab}	5.94 ± 0.42^b	5.51 ± 0.60^{ab}	5.47 ± 0.24^{ab}	4.77 ± 0.29^a
血浆总抗氧化力 （U/mg prot）	0.94 ± 0.03	1.13 ± 0.06	1.09 ± 0.06	0.96 ± 0.15	0.95 ± 0.02
丙二醛 （nmol/mg prot）	0.38 ± 0.16	0.34 ± 0.21	0.30 ± 0.13	0.24 ± 0.03	0.29 ± 0.07

注：值为平均±标准误差（$n=3$）。同行中标有不同小写字母者，表示组间有显著性差异（$P<0.05$）；标有相同小写字母者，表示组间无显著差异（$P>0.05$）。

3. 讨论　Coteur 等（2002）报道，吞噬过程需要氧气和超氧阴离子，而超氧阴离子又会产生其他具有潜在毒性的活性氧化剂。超氧化物歧化酶和过氧化氢酶分别通过增强 O_2 和 H_2O_2 的解毒作用来抵御活性氧。在本研究中，T0.1、T0.5 和 T1 组刺参体壁中超氧化物歧化酶和过氧化氢酶活性的增加，可能是由于饲料中牛磺酸降解增加的 O_2 减弱了氧化应激。丙二醛是反映氧自由基对生物体胁迫的脂质氢过氧化物终产物的量度。在本研究中，丙二醛活性不受饮食中牛磺酸水平的影响，这表明刺参饲料中添加牛磺酸不会影响细胞脂质代谢。

第三节　牛磺酸对许氏平鲉肝脏
健康及脂肪代谢的影响

许氏平鲉（*Sebastes schlegelii*）隶属于鲉形目（Scorpaeniformes）、鲉科（Scorpaenidae）、平鲉属（*Sebastes*），又称黑鲪、黑头、黑寨等，属冷温性近海底层鱼类，在我国北部沿海、日本、朝鲜及俄罗斯等区域均有分布，具有生长快、抗病性强、营养丰富和肉质鲜美等优点，现已成为我国沿海网箱养殖的重要经济鱼种之一。肝脏在鱼类的新陈代谢过程中扮演着极其重要的角色，同时，肝脏也是机体抗氧化损伤的重要场所。牛磺酸不仅具有抗氧化作用，还对肝细胞、心肌细胞以及神经细胞等都有保护作用。因此，探讨牛磺酸对许氏平鲉肝脏健康的影响是有必要的。

1. 材料与方法

（1）材料　许氏平鲉幼鱼购自大连金砣养殖有限公司，初始体重为（36.25±0.04）g，投喂 T1 组饲料暂养 1 周，以适应养殖环境。养殖试验持续 60 d。

（2）试验饲料的制备　本试验以豆粕、鱼粉为主要蛋白源，以鱼油为主要脂肪源，配制牛磺酸水平分别为 0（T1，对照）、0.8%（T2）、1.6%（T3）、2.4%（T4）、3.2%（T5）的 5 种等能低鱼粉饲料，饲料配方及营养成分见表 6-3。甘氨酸的含量随着饲料中牛磺酸含量的增加而减少，以保证各试验饲料的氮含量一致。所有原料粉碎后过 60 目筛，按照配方添加原料进行逐级混匀，混匀过程中添加适量的水，使其黏合度适宜，经制粒机制成 2 mm 饲料，于 40 ℃烘箱中烘干至水分适宜后，于−20 ℃冰箱中保存备用。

表 6-3　试验饲料组成（%干物质基础）

原料	T1	T2	T3	T4	T5
鱼粉	20	20	20	20	20
酪蛋白	4	4	4	4	4
豆粕	36	36	36	36	36
小麦粉	12.11	12.11	12.11	12.11	12.11

（续）

原料	T1	T2	T3	T4	T5
小麦面筋粉	6	6	6	6	6
鱿鱼肝粉	5	5	5	5	5
鱼油	6	6	6	6	6
卵磷脂	4	4	4	4	4
酵母粉	2	2	2	2	2
氯化胆碱	1	1	1	1	1
维生素预混料[a]	0.19	0.19	0.19	0.19	0.19
矿物质预混料[b]	0.5	0.5	0.5	0.5	0.5
牛磺酸	0	0.8	1.6	2.4	3.2
甘氨酸	3.2	2.4	1.6	0.8	0
营养水平（%干物质）					
粗蛋白	46.22	46.71	47.12	46.34	46.82
粗脂肪	8.92	9.15	9.2	9.07	8.98
粗灰分	7.83	7.77	7.46	7.35	7.51

注：[a] 维生素预混料（g/kg 预混合物）：维生素 A，1 000 000 IU；维生素 D₃，300 000 IU；维生素 E，4 000 IU；维生素 K₃，1 000 mg；维生素 B₁，2 000 mg；维生素 B₂，1 500 mg；维生素 B₆，1 000 mg；维生素 B₁₂，5 mg；烟酸，1 000 mg；维生素 C，5 000 mg；泛酸钙，5 000 mg；叶酸，100 mg；肌醇，10 000 mg；载体葡萄糖及水≤10%。

[b] 矿物质预混料（mg/40 g 预混合物）：氯化钠，107.79；七水硫酸镁，380.02；二水磷酸氢钠，241.91；磷酸二氢钾，665.20；二水磷酸钙，376.70；柠檬酸铁，82.38；乳酸钙，907.10；氢氧化铝，0.52；七水硫酸锌，9.90；硫酸铜，0.28；七水硫酸锰，2.22；碘酸钙，0.42；水合硫酸钴，2.77。

（3）饲养管理　试验设置 5 个处理组，每个处理 3 个平行，共 15 个 200 L 方形聚乙烯水槽，所有水槽位置随机分配。试验开始前，停食 24 h，随机挑选大小均匀、体格健壮且无伤的许氏平鲉幼鱼 120 尾，随机平均分配到 15 个水槽中，每个水槽 15 尾许氏平鲉幼鱼。每天 8:00 和 17:00 投喂各组试验饲料至表观饱食。每天 18:30 进行换水，换水量为总水体的 1/3，每天上午投喂前吸底清理粪便。24 h 连续充气。试验期间及时捞出死亡鱼体并记录体重，每天测定水体温度为 17.0～19 ℃，溶解氧浓度＞6 mg/L，pH 为

7.3~7.8。

（4）样品采集 试验结束后，停止投喂 24 h 后，对各组试验鱼进行称重计数。将试验鱼置于冰袋上解剖，去除内脏团，分离出肝脏置于液氮中速冻，后转移至超低温冰箱（−80 ℃）中保存待测。肝脏抗氧化酶活指标为过氧化氢酶（CAT）、总超氧化物歧化酶（T−SOD）、丙二醛（MDA），均采用南京建成生物工程研究所试剂盒测定。

（5）数据处理 试验数据以平均值±标准误（Mean±SE）表示。使用 SPSS 21.0 软件对试验数据进行单因素方差分析（One−way ANOVA）。若结果差异显著（$P<0.05$），采用 Duncan 法进行分析。

2. 结果 牛磺酸对许氏平鲉幼鱼肝脏抗氧化能力的影响如表 6−4 所示。各组间的 T−SOD 活力无显著差异（$P>0.05$）；CAT 活力呈现先升高后下降的趋势，且峰值出现在 T2 组（$P<0.05$）；MDA 含量呈下降趋势，且 T5 组 MDA 含量显著低于其他各组（$P<0.05$）。

表 6−4 牛磺酸对许氏平鲉幼鱼肝脏抗氧化能力的影响

	T1	T2	T3	T4	T5
T−SOD	83.87±3.85	93.47±7.00	82.31±3.84	82.04±5.29	81.11±5.98
CAT	3.16±0.20[a]	7.28±0.62[c]	4.85±0.38[b]	3.92±0.30[ab]	3.69±0.25[ab]
MDA	10.23±0.22[a]	4.73±0.03[b]	4.07±0.37[b]	4.13±0.92[b]	2.31±0.83[c]

注：同行中标有不同小写字母者，表示组间有显著性差异（$P<0.05$）；标有相同小写字母者，表示组间无显著性差异（$P>0.05$）。

3. 讨论 活性氧是一类原子或分子轨道中含有一个或多个不成对电子的分子，主要包括超氧阴离子、过氧化氢和羟自由基等物质。动物体内活性氧的清除主要依靠自身抗氧化系统，而肝脏作为机体重要的抗氧化场所，肝脏抗氧化酶活力的高低反映了机体肝脏的抗氧化能力以及健康程度。过氧化氢酶是机体一种重要的抗氧化酶，可以有效地清除过氧化氢，并防止过氧化氢进一步在体内转化为有害的羟自由基，较高的过氧化氢酶活力反映了机体具有较强的过氧化氢清除能力。丙二醛是脂质过氧化物的最终产物之一，具有细胞毒性，其含量的高低可以反映细胞脂质过氧化的程度。本试验中添加一定量的牛磺酸，可提高肝脏的抗氧化能力，减轻肝脏的过氧化损伤，与牛磺酸在草鱼、鲤和南美白对虾等物种上的研究结果相同。原因可能是牛磺酸会通过双重作用参与机体的抗氧化反应：一是，牛磺酸会直接与体内的氧化因子结合，阻止其在体内进行氧化反应；二是，牛磺酸可以进入细胞膜，稳定细胞膜中的脂质成分，以抵御氧化因子的攻击。此外，牛磺酸进入机体后，还会提高机体的抗氧化酶活性，进而提高肝脏的抗氧化能力。

第四节　牛磺酸对红鳍东方鲀肝脏健康及脂肪代谢的影响

》 饲料中牛磺酸水平对红鳍东方鲀免疫及消化酶的影响

牛磺酸又称牛胆碱、牛胆素，化学名为 2-氨基乙磺酸，是一种以游离的形式存在于动物体各组织细胞中含量丰富的小分子 β-含硫氨基酸。牛磺酸在动物体内具有重要的营养作用和生理功能，如促进动物生长，在肝脏中生成胆汁酸促进脂类营养物质的代谢，维持钙离子调节稳态和细胞内外渗透压平衡，调节鱼类的免疫能力与抗氧化能力，保证动物机体中枢神经系统与视网膜的正常发育等。虽然牛磺酸不直接参与蛋白质代谢，但在高脂饲料水平下缺乏牛磺酸，会导致仓鼠、大鼠机体抗氧化能力降低，肝脏发生脂肪性病变等。添加牛磺酸，可明显提高动物机体抗氧化能力并缓解肝脏脂肪化程度。牛磺酸还可使日本鳗鲡的生殖细胞不受氧化应激的影响，提高军曹鱼的消化酶活力，影响牙鲆结合胆汁酸合成。

鱼粉是水产动物饲料中蛋白质的主要原料，其具有蛋白质含量高且与水产动物所需的氨基酸比例最接近等优点，使其成为水产动物优质的蛋白源，也是牛磺酸含量最丰富的饲料原料。由于资源减少和价格上升，饲料中鱼粉用量已逐渐降低。植物蛋白源虽可成为鱼粉的替代蛋白源，但植物蛋白中几乎不存在牛磺酸，从而会导致饲料中牛磺酸含量降低。研究表明，饲料中缺乏牛磺酸，会抑制虹鳟、军曹鱼的生长，导致真鲷出现绿肝、5 条鰤发生贫血。饲料中添加适量的牛磺酸，可明显促进牙鲆、大菱鲆和真鲷的生长。

红鳍东方鲀（*Takifugu rubripes*）隶属于鲀形目（Tetraodontiformes）、鲀科（Tetraodontidae）、东方鲀属（*Takifugu*），是一种底栖肉食性近海鱼

类。红鳍东方鲀的味道鲜美，肉质含有丰富的蛋白质，是河鲀中经济价值较高的一个种类。研究表明，饲料中添加牛磺酸，能促进红鳍东方鲀幼鱼生长，提高幼鱼的增重率、特定生长率、饲料效率和摄食率。当添加量为 1.0%时，各项生长指标最好。随着牛磺酸添加量的增加，红鳍东方鲀幼鱼生长呈现先上升后下降的趋势。本试验中，以红鳍东方鲀作为研究对象，通过在低鱼粉饲料中添加不同水平的牛磺酸，研究了牛磺酸对红鳍东方鲀肝脏免疫酶和抗氧化能力及肠道消化酶等指标的影响，以期为红鳍东方鲀低鱼粉饲料中选择适宜的饲料添加剂提供理论依据。

1. 材料方法

（1）材料　试验用红鳍东方鲀幼鱼购自大连天正实业有限公司。将试验鱼暂养 2 周，暂养期间投喂 T1 组基础饲料，以适应实验室养殖条件。养殖试验共进行 56 d。

（2）试验饲料的制备　以酪蛋白和鱼粉作为蛋白质源，以鱼油和大豆卵磷脂作为脂肪源，配制牛磺酸水平分别为 0（T1，对照）、0.5%（T2）、1.0%（T3）、2.0%（T4）和 5.0%（T5）的 5 种等能量低鱼粉试验饲料，用甘氨酸调平饲料中的含氮量。具体配方及营养成分见表 6-5。原料过 60 目筛，按照配方混合均匀后，制成直径为 4 mm 的软颗粒饲料，在−20 ℃下保存备用。

（3）饲养管理　试验设置 5 个处理组，每个处理设 3 个平行，共 15 个 200 L 方形聚乙烯水槽，所有水槽位置随机分配。正式试验开始前，停食 24 h，随机挑选大小均匀、体格健壮且体表无伤、初始体重为（32.28±0.20）g 的红鳍东方鲀幼鱼 225 尾，随机分配到 15 个水槽中，每个水槽 15 尾幼鱼。每天8:00 和 17:00 投喂保存于冰箱中（4 ℃）提前分装好的饲料至表观饱食。每天 9:30 和 18:30 换水，换水量为总水体的 2/3，每天早上投喂前吸底清理粪便。24 h 连续充气。每天 7:00—19:00 日光灯照明，保持试验环境光暗条件为 12 h:12 h。试验期间及时捞出死亡鱼并记录体重，每天通过 YSL 多参数水质测量仪测定水体温度，并控制水温在 23.0～24.5 ℃，溶解氧浓度＞6 mg/L，pH 为 7.3～7.8。

（4）样品采集　于冰袋上解剖，取出内脏，分离出肝脏。将样品于液氮中速冻，然后转移至超低温冰箱（−80 ℃）中保存，以测定肝脏组织免疫酶、抗氧化酶和肠道消化酶活力。

表 6 - 5　试验饲料组成（％干物质基础）

组别	原料					营养水平（除水分外均为干物质）				
	维生素 预混料[a]	矿物质 预混料[b]	牛磺酸	甘氨酸	其他[c]	水分	粗蛋 白质	粗脂肪	粗灰分	牛磺酸
T1	1	1	0	5	93	31.33	47.28	14.69	7.26	0.06
T2	1	1	0.5	4.5	93	29	48.25	14.01	7.33	0.63
T3	1	1	1	93	93	31.76	47.94	14.54	7.47	1.19
T4	1	1	2	3	93	30.8	47.56	14.2	7.58	2.08
T5	1	1	5	0	93	31.04	47.84	14.12	7.7	4.91

注：[a] 维生素预混料（g/kg 预混合物）：维生素 A，1 000 000 IU；维生素 D_3，300 000 IU；维生素 E，4 000 IU；维生素 K_3，1 000 mg；维生素 B_1，2 000 mg；维生素 B_2，1 500 mg；维生素 B_6，1 000 mg；维生素 B_{12}，25 mg；烟酸，1 000 mg；维生素 C，5 000 mg；泛酸钙，5 000 mg；叶酸，100 mg；肌醇，10 000 mg；载体葡萄糖及水≤10％。

[b] 矿物质预混料（mg/40 g 预混合物）：氯化钠，107.79；七水硫酸镁，380.02；二水磷酸氢钠，241.91；磷酸二氢钾，665.20；二水磷酸钙，376.70；柠檬酸铁，82.38；乳酸钙，907.10；氢氧化铝，0.52；七水硫酸锌，9.90；硫酸铜，0.28；七水硫酸锰，2.22；碘酸钙，0.42；水合硫酸钴，2.77。

[c] 其他原料：包含鱼粉 15％、磷虾粉 5％、豆粕 10％、小麦粉 9％、玉米蛋白粉 10％、酪蛋白 20％、啤酒酵母 2％、α-淀粉 8％、羧甲基纤维素 2.4％、大豆卵磷脂 5％、鱼油 5％、螺旋藻 1％、甜菜碱 0.3％、胆碱 0.3％。

（5）指标测定　肝脏组织免疫酶测定指标，包括酸性磷酸酶（ACP）和碱性磷酸酶（AKP）；肝脏抗氧化酶测定指标，包括谷胱甘肽过氧化物酶（GSH - Px）、丙二醛（MDA）、总抗氧化能力（T - AOC）、总超氧化物歧化酶（SOD）和过氧化氢酶（CAT）。上述指标，均采用南京建成生物工程研究所试剂盒进行测定。

（6）数据分析　试验数据以平均值±标准差（Mean±SD）表示。用 SPSS 21.0 软件对试验数据进行单因素方差分析（One - way ANOVA）。若差异显著，则用 Tukey 法进行组间多重比较，显著性水平设为 0.05。

2. 结果　从表 6 - 6 可见，饲料中添加不同水平的牛磺酸，对红鳍东方鲀肝脏 T - AOC、SOD、CAT、GSH - PX 和 MDA 均有显著性影响（$P<0.05$）；与对照组（T1）相比，T3 和 T4 组的 SOD 和 CAT 活力显著升高（$P<0.05$），且在 T3 组达到峰值；T3、T4 组 T - AOC 活力显著高于对照组、T2 组（$P<0.05$），且在 T4 组达到峰值；T3 组的 GSH - PX 活力显著高于对照

表 6 - 6　不同水平牛磺酸对红鳍东方鲀肝脏抗氧化酶活力的影响

组别	总抗氧化能力 （T - AOC） （U/mg prot）	超氧化物歧化酶 （SOD） （U/mg prot）	过氧化氢酶 （CAT） （mmol/g prot）	谷胱甘肽过 氧化物酶 （GSH - PX） （U/mg prot）	丙二醛 （MDA） （nmol/mg prot）
T1	3.09±0.45[a]	57.21±0.94[a]	11.97±0.29[a]	17.06±0.29[b]	5.61±0.69[b]
T2	3.25±0.28[a]	59.22±0.63[a]	12.76±0.12[a]	19.58±0.74[bc]	1.94±0.05[a]
T3	4.67±0.17[b]	68.50±0.47[c]	21.31±1.14[c]	20.46±0.39[c]	1.63±0.19[a]
T4	5.17±0.28[b]	62.92±0.24[b]	16.94±0.76[b]	8.57±0.93[a]	0.75±0.17[a]
T5	3.96±0.27[ab]	60.73±0.37[ab]	11.36±0.83[a]	7.67±0.50[a]	1.29±0.12[a]

注：同列中标有不同字母者，表示组间有显著性差异（$P<0.05$）；标有相同字母者，表示组间无显著性差异（$P>0.05$）。

组、T4、T5 组（$P<0.05$）；添加牛磺酸的各组 MDA 含量显著低于对照组（$P<0.05$）。

　　从表 6 - 7 可见，饲料中添加不同水平的牛磺酸，对红鳍东方鲀肝脏碱性磷酸酶（ACP）活力无显著性影响（$P>0.05$）；但酸性磷酸酶（AKP）活力随饲料中牛磺酸含量的增加呈现先升高后下降的趋势，在 T3 组达到最大值，并且显著高于其他各组（$P<0.05$）。

表 6 - 7　饲料中添加不同水平牛磺酸对红鳍东方鲀肝脏 AKP 和 ACP 活力的影响

组别	酸性磷酸酶（金氏单位/g prot）	碱性磷酸酶（U/g prot）
T1（对照）	12.28±0.57[b]	95.29±4.59[a]
T2	9.41±0.86[ab]	93.01±4.96[a]
T3	13.86±0.62[c]	97.43±4.62[a]
T4	10.13±0.36[b]	97.65±5.51[a]
T5	6.28±1.24[a]	86.50±10.79[a]

注：同列中标有不同字母者，表示组间有显著性差异（$P<0.05$）；标有相同字母者，表示组间无显著性差异（$P>0.05$）。

　　3. 讨论　肝脏的新陈代谢中会产生大量的氧自由基（ROS），正常机体的抗氧化防御系统能够清除各种氧自由基，在维持其产生与清除动态平衡的同时，还能修复或代谢氧化产物，把氧自由基对机体的危害调控在最低程度，减少水产动物严重的氧化损伤。氧化应激不仅是肝功能障碍的一部分，也是所有肝损伤的病理生理基础。缺乏牛磺酸的动物模型中，存在肝脏组织发育异常或不完全的现象，而牛磺酸可以保护肝脏不受氧化应激等多重损害。Miyazaki等研究表明，牛磺酸可使肝脏组织中氧化应激的代谢物减少。在本试验中发现，饲料中添加牛磺酸，可显著提高红鳍东方鲀肝脏中T-AOC、SOD、CAT和GSH-PX的活性；同时，显著降低MDA的含量，即对机体内自由基的清除能力升高，促进蛋白性抗氧化剂GSH-PX的产生，降低脂质过氧化反应的发生，减少MDA的产生，提高了红鳍东方鲀肝脏抗氧化酶的活性和抗氧化物质的含量。杨春波等研究表明，对休克家兔灌注牛磺酸，可提高其SOD和GSH-PX活性，同时降低MDA含量。李丽娟等的试验结果表明，饲料中添加0.10%、0.15%的牛磺酸时，肉鸡肝脏中T-AOC、SOD和GSH-PX活性最高，MDA含量最低。本试验与其试验结果一致。SOD和CAT可分别清除机体内超氧阴离子自由基和过氧化氢，其活性高低可以体现机体清除氧自由基能力的大小；GSH-PX可以催化过氧化氢和还原型谷胱甘肽反应生成水，从而保护细胞和细胞膜免受氧化损伤；MDA是自由基引发脂质过氧化作用的最终分解产物，其含量的高低可反映活性氧自由基含量的多少。当机体细胞内氧自由基与抗氧化酶类系统平衡被打破时，可导致氧自由基在体内蓄积，并易与膜结构上的多聚不饱和脂肪酸和胆固醇发生氧化反应，破坏膜结构，进而引起细胞器损伤。饲料中添加牛磺酸，能够提高红鳍东方鲀肝脏的抗氧化能力，但随着牛磺酸添加量的持续升高，红鳍东方鲀的抗氧化能力并没有一直增强。在5.0%添加量时，T-AOC、SOD、CAT和GSH-PX的活性出现下降，MDA含量出现上升趋势，这可能是由于摄入过量的牛磺酸，引起动物机体出现抗氧化抑制作用，导致红鳍东方鲀抗氧化酶活性降低，过氧化产物增加。颉志刚等对虎纹蛙（*Hoplobtrachus rugulosus*）的研究表明，牛磺酸发挥免疫作用时存在明显的剂量效应，浓度过高的牛磺酸对机体的抗氧化能力产生抑制作用。碱性磷酸酶对水产动物吸收水中钙质和机体磷酸钙的形成具有重要作用，能够催化各种含磷化合物水解，是水产动物生长和生存的重要酶类之一。本试验结果表明，饲料中添加牛磺酸，可显著提高红鳍东方鲀肝脏AKP活性。AKP在牛磺酸添加量为1.0%时有峰值，与张小龙在仔猪饲料中添加牛磺酸的研究结果一致。AKP是生物体内重要的代谢调控酶，为ADP磷酸化提供更多所需的无机磷酸，可促进生物体内ATP合酶将无机磷酸和ADP合成ATP；直接参与钙磷代谢、脊椎动物骨化等重要代谢过程，具有高度的成骨作用，说明牛磺酸在一定程度上能抑制成骨细胞活力，促进骨骼生长。徐奇友等认为，AKP可催化有机磷酸酯水解，打开磷酸酯键，释放磷酸离子，可以通过改变细菌表面的结构，增强其异己性，从而被动物体内的吞噬细胞吞噬和降解。由此可以推断，牛磺酸可显著提高红鳍东方鲀幼鱼肝脏的免疫力，但在牛磺酸添加量为2.0%和5.0%时，AKP活性显著下降，说明过多的牛磺酸会降低红鳍东方鲀免疫力及钙磷代谢活力。罗莉等在对草鱼的研究上有相似的发现。

第五节　牛磺酸对其他水产动物肝脏健康及脂肪代谢的影响

》 一、牛磺酸对花鲈生长性能、消化酶活性、抗氧化能力及免疫指标的影响

在花鲈（*Lateolabrax maculatus*）基础饲料中，以鱼粉和大豆浓缩蛋白为主要蛋白源，以鱼油为主要脂肪源。对照组不添加牛磺酸（N0），试验饲料中分别添加0.4%（N1）、0.8%（N2）、1.2%（N3）、1.6%（N4）的牛磺酸（纯度为99%）。每天7:00和17:00饱食投喂2次，养殖试验持续56 d。结果表明，牛磺酸添加组花鲈肝脏的T-AOC、SOD、GSH-Px和CAT活性显著高于对照组（$P<0.05$）；当牛磺酸添加量超过0.8%时，花鲈肝脏的T-AOC、SOD、GSH-Px和CAT活性均呈下降趋势。Dehghani等的研究结果显示，添加1.25%牛磺酸的饲料，可以显著提高黄鳍鲷肝脏T-AOC和抗氧化酶活性，同时显著降低其肝脏的MDA浓度；徐璐茜等报道，饲料中添加适量的牛磺酸，可以显著提高草鱼肝脏SOD、GSH-Px和CAT活性，显著降低MDA浓度。本研究结果与上述研究结论相似。牛磺酸可清除机体自由基，或通过增强抗氧化酶活性发挥其抗氧化功能。牛磺酸不仅是GSH-Px的前体，还可以促进谷胱甘肽二硫化物生成GSH-Px。此外，牛磺酸添加组花鲈

肝脏的 MDA 浓度显著低于对照组（$P<0.05$）；当牛磺酸添加量超过 0.8% 时，花鲈肝脏的 MDA 浓度呈上升趋势，与牛磺酸对红鳍东方鲀和虎纹蛙的影响结果一致。这可能是由于添加过量的牛磺酸，导致机体出现抗氧化抑制作用。

》二、牛磺酸对斜带石斑鱼抗氧化能力的影响

在斜带石斑鱼（*Epinephelus coioides*）饲料中，以酪蛋白和明胶（4:1）作为蛋白源，鱼油、豆油和大豆卵磷脂作为脂肪源，以玉米淀粉作为淀粉源，以结晶纤维素作为填充剂，配制牛磺酸水平为 0、0.5%、1.0% 和 1.5% 的 4 种饲料。每天 8:30 和 18:30 投喂饲料至表观饱食。养殖试验持续 56 d。结果表明，添加适宜水平的牛磺酸（1%），能够显著提高斜带石斑鱼肝脏、血清、肌肉的 SOD 酶活力，并且肝脏和肌肉的 SOD 酶活力要强于血清中 SOD 酶活力，这可能是因为斜带石斑鱼作为海水鱼类，饲料中需要较高含量的脂肪，而脂肪容易在肝脏和肌肉富集，遭受活性氧、自由基攻击，造成脂质过氧化，因此需要更多的 SOD 酶催化氧自由基发生歧化反应，消除自由基。较低水平的牛磺酸，对于提高 CAT 酶活力帮助不大；但适宜水平的牛磺酸（1%），斜带石斑鱼肝脏、血清、肌肉的 CAT 酶活力均出现显著提高。这说明添加适宜水平的氨基酸，能够提高石斑鱼有效清除过氧化物的能力和鱼体面对应激时的生存能力。谷胱甘肽过氧化物酶（GSH-Px）是机体内广泛存在的一种重要的过氧化物分解酶。硒是 GSH-Px 酶系的组成成分，它能催化 GSH 变为 GSSG，使有毒的过氧化物还原成无毒的羟基化合物，同时促进 H_2O_2 的分解，从而保护细胞膜的结构及功能不受过氧化物的干扰及损害。因此，GSH-Px 活性的高低影响了过氧化物的还原能力，是机体评价抗氧化能力的一个重要指标。同时，肝脏、血清和肌肉中 GSH-Px 活性均随着牛磺酸水平的增加逐渐升高。此外，添加牛磺酸，能够使肝脏、肌肉和血清的 T-AOC 出现不同程度地上升。在 1% 的牛磺酸水平时，T-AOC 均显著上升。因此，添加牛磺酸的斜带石斑鱼饲料提升了机体总体的抗氧化能力，其在 1% 时效果最好。丙二醛（MDA）是自由基引发脂质过氧化作用的最终分解产物，MDA 含量的多少，可以间接反映活性氧自由基含量的多少，以及组织细胞脂质过氧化的强度或速率。肝脏、血清、肌肉的 MDA 含量在 1% 的牛磺酸水平

下，均出现了显著下降。由此可知，1%的牛磺酸能够减轻石斑鱼的脂质过氧化作用，增强鱼体的抗氧化能力。抗氧化酶活性、MDA含量和总抗氧化能力的共同变化，可以反映机体内自由基的代谢、过氧化压力情况。综合上述结果，SOD、CAT、GSH-Px活性、总抗氧能力均在1%牛磺酸水平时出现了显著增强；而MDA含量在1%牛磺酸水平时出现显著下降。由此可见，1%的牛磺酸水平有利于保护斜带石斑鱼的机体防御系统免受ROS的攻击，并且显著地抑制MDA的生成，提高机体的SOD活力、CAT活力和GSH-Px活力，增强斜带石斑鱼的抗氧化能力。

》 三、牛磺酸对斜带石斑鱼脂肪代谢的影响及其机制研究

在斜带石斑鱼（*Epinephelus coioides*）饲料设计中，采用4×2双因子设计，以酪蛋白和明胶（4:1）作为蛋白源，鱼油、豆油和大豆卵磷脂作为脂肪源，以玉米淀粉作为淀粉源，以结晶纤维素作为填充剂，配置脂肪水平分别为10%和15%，牛磺酸水平分别为0.0、0.5%、1.0%和1.5%的8种饲料。试验期间，每天8:30和18:30定时投喂饲料至表观饱食。养殖试验持续56 d。结果表明，血清甘油三酯（TG）、总胆固醇（T-CHO）和葡萄糖（GLU）水平随着饲料脂肪水平的升高而升高，相似的研究还在镜鲤（*Cyprinus specularis*）、吉富罗非鱼、大西洋鳕（*Gadus morhua*）和胭脂鱼（*Myxocyprinus asiaticus*）中发现；高密度脂蛋白（HDL-C）水平随着饲料中脂肪水平上升显著降低，低密度脂蛋白（LDL-C）则呈现相反的趋势，说明饲料脂肪水平的上升使得斜带石斑鱼肝脏向血液输送的胆固醇持续增加，而从血液向肝脏的输送持续下降，不利于组织和血清中胆固醇的清除。本试验也发现饲料中添加脂肪，提高了斜带石斑鱼肝脏LPL和HL活性，这是由于高脂肪水平的饲料为斜带石斑鱼提供了大量TG，需大量LPL和HL用于分解TG。在一些研究中发现，肝脏脂肪合成代谢相关酶G-6-PDH和MDH活性与饲料脂肪水平呈显著的负相关，杂交鲇（*Clarias marcrocephal×C. gariepinus*）与尼罗罗非鱼的研究也证明了这种观点，说明饲料脂肪水平的升高同样会抑制斜带石斑鱼体内脂肪的合成。同时，血清中HDL-C水平显著上升，LDL-C、TG和T-CHO水平显著下降。可能是因为：①牛磺酸可能通过升高血浆中HDL-C水平，促进血浆中胆固醇的逆向转运，降低斜带石斑鱼血清中的T-CHO水

平；②牛磺酸可能通过上调组织细胞表面的 LDL 受体水平，增加其与血浆中
LDL 的结合，提高了血浆中 LDL-C 的清除速率，降低石斑鱼血清中 T-
CHO 水平；③牛磺酸通过减少斜带石斑鱼肝脏中极低密度脂蛋白的合成与分
泌，降低肝脏中 TG 释放速度，从而降低血清 TG；④牛磺酸可能通过提高肝
脏中 LPL 和 HL 的活性，增加肝脏中 TG 的分解，从而降低 TG 水平。在此
试验中，牛磺酸的添加能够显著降低脂肪合成酶 FAS 和 G-6-PDH 的含量，
说明牛磺酸能够抑制斜带石斑鱼的脂肪合成代谢，促进脂肪分解代谢。这为本
试验中牛磺酸降低全鱼和组织脂肪沉积量提供了依据。值得注意的是，随着牛
磺酸添加量的增加，HL 的上升趋势在 15% 脂肪水平下更为明显，说明牛磺酸
的降脂作用在高脂水平下更为显著。此外，试验还发现，添加牛磺酸不仅能够
降低血清 GLU，还能增加肝糖原的含量，牛磺酸可能发挥着类似胰岛素的作
用，调节糖代谢。

≫ 四、牛磺酸对克氏原螯虾生长性能、非特异性免疫以及肝胰脏抗氧化能力的影响

在克氏原螯虾（*Procambarus clarkii*）各组饲料中，牛磺酸的添加量分别
为 0、100、200、300、400 mg/kg，制作 5 种不同牛磺酸含量的等氮等能饲
料。每天下午 5：00 开始投喂，养殖试验持续 28 d。结果表明，日粮中添加一
定量的牛磺酸，能够显著提高淡水鲐血液和肝脏中 CAT 和 SOD 的活性，缓
解机体脂质过氧化反应造成的损伤。此试验中，添加 200、300 mg/kg 的牛磺
酸饲料，可以显著提高克氏原螯虾肝胰脏中超氧化物歧化酶、过氧化氢酶以及
谷胱甘肽过氧化物酶的活性。这表明饲料中添加适量牛磺酸，可提高克氏原螯
虾的肝胰脏抗氧化能力，减缓了过氧化物对机体的损伤。

➡ 参考文献

迟淑艳，王学武，谭北平，等，2015. 饲料蛋氨酸对斜带石斑鱼生长性能、抗氧化及糖
异生相关酶活性的影响 [J]. 水生生物学报，39（4）：645-652.

邓君明，2006. 动植物蛋白源对牙鲆摄食、生长和蛋白质及脂肪代谢的影响 [D]. 青
岛：中国海洋大学.

董晓慧，杨俊江，谭北平，等，2015. 幼鱼和养成阶段斜带石斑鱼对饲料中脂肪的需要量 [J]. 动物营养学报，27（1）：133-146.

方允中，杨胜，伍国耀，2003. 自由基、抗氧化剂、营养素与健康的关系 [J]. 营养学报，25（4）：337-343.

黄岩，2017. 牛磺酸对斜带石斑鱼抗氧化能力的影响 [D]. 厦门：集美大学.

孔圣超，萧培珍，朱志强，等，2020. 牛磺酸对克氏原螯虾生长性能、非特异性免疫以及肝胰脏抗氧化能力的影响 [J]. 中国农学通报，36（11）：136-141.

林静，康毅，1998. 牛磺酸对血脂的影响 [J]. 高血压杂志，6（1）：14-16.

罗莉，文华，王琳，等，2006. 牛磺酸对草鱼生长、品质、消化酶和代谢酶活性的影响 [J]. 动物营养学报，18（3）：166-171.

明建华，叶金云，张易祥，等，2013. 蝇蛆粉和 L-肉碱对青鱼生长、免疫与抗氧化指标及抗病力的影响 [J]. 中国粮油学报，28（2）：80-86.

牛文静，2018. 来源于细菌 *Akkermansia muciniphila* 膜蛋白改善高脂诱导斑马鱼脂肪肝的研究 [D]. 广州：华南农业大学.

沈同，王镜岩，赵邦悌，等，1981. 生物化学 [M]. 2 版. 北京：高等教育出版社.

孙飞，2020. 日粮豆粕含量对黄颡鱼（*Pelteobagrus fulvidraco*）生长和健康的损伤以及二种添加剂对其修复作用的研究 [D]. 苏州：苏州大学.

唐学玺，张培玉，2000. 蒽对黑鲷超氧化物歧化酶活性的影响 [J]. 水产学报，24（3）：217-220.

涂玮，田娟，文华，等，2012. 尼罗罗非鱼幼鱼饲料的适宜脂肪需要量 [J]. 中国水产科学，19（3）：436-444.

王爱民，韩光明，封功能，等，2011. 饲料脂肪水平对吉富罗非鱼生产性能、营养物质消化及血液生化指标的影响 [J]. 水生生物学报，35（1）：80-87.

王朝明，罗莉，张桂众，等，2010. 饲料脂肪水平对胭脂鱼生长性能、肠道消化酶活性和脂肪代谢的影响 [J]. 动物营养学报，22（4）：969-976.

王和伟，2013. 饲料牛磺酸水平对吉富罗非鱼和斜带石斑鱼生长的影响 [D]. 厦门：集美大学.

王和伟，叶继丹，陈建春，2013. 牛磺酸在鱼类营养中的作用及其在鱼类饲料中的应用 [J]. 动物营养学报，25（7）：1418-1428.

王俊萍，2003. 牛磺酸对蛋鸡生产性能、脂质代谢及抗氧化状况的影响 [D]. 保定：河北农业大学.

王学习，2017. 牛磺酸对斜带石斑鱼脂肪代谢的影响及其机制研究 [D]. 厦门：集美大学.

王芸，李正，段亚飞，等，2018. 红景天提取物对凡纳滨对虾抗氧化系统及抗低盐度胁迫的影响 [J]. 南方水产科学，14（1）：9-19.

邢君霞，2020. 裂殖壶藻油替代鱼油对草鱼生长、健康状况及脂质代谢影响的研究 [D]. 杨凌：西北农林科技大学.

熊娟，王标，杨红军，等，2021. 肠膜蛋白对加州鲈生长性能和肝肠健康的影响 [J]. 饲料工业，42（1）：17-23.

徐璐茜，明建华，张易祥，等，2016. 牛磺酸对草鱼幼鱼生长、非特异性免疫与抗氧化能力以及消化酶活性的影响 [J]. 浙江海洋学院学报（自然科学版），35（6）：464-471.

徐奇友，许红，郑秋珊，等，2007. 牛磺酸对虹鳟仔鱼生长、体成分和免疫指标的影响 [J]. 动物营养学报，19（5）：544-548.

徐奇友，许治冲，王常安，等，2012. 不同温度下饲料脂肪水平对松浦镜鲤幼鱼肝脏游离脂肪酸，血清生化及肝脏组织结构的影响 [J]. 东北农业大学学报，43（9）：118-126.

许友卿，刘晓丽，郑一民，等，2020. 牛磺酸对水生动物主要营养代谢和基因表达的影响及机理 [J]. 饲料工业，41（16）：35-40.

杨小然，2012. 牛磺酸对蛋雏鸭生长性能和血液生化指标的影响 [D]. 哈尔滨：东北农业大学.

杨燕，肖荣，李秀花，等，2002. 补充牛磺酸对高胆固醇血症大鼠脂代谢的影响 [J]. 中国公共卫生，18（7）：795-796.

杨雨生，2019. 不同添加剂对黄颡鱼生长、消化、脂代谢及免疫机制的影响 [D]. 天津：天津农学院.

余瑞兰，聂湘平，魏泰莉，等，1999. 分子氨和亚硝酸盐对鱼类的危害及其对策 [J]. 中国水产科学，6（3）：73-77.

虞为，杨育凯，陈智彬，等，2019. 饲料中添加螺旋藻对花鲈生长性能、消化酶活性、血液学指标及抗氧化能力的影响 [J]. 南方水产科学，15（3）：57-67.

虞为，杨育凯，林黑着，等，2021. 牛磺酸对花鲈生长性能、消化酶活性、抗氧化能力及免疫指标的影响 [J]. 南方水产科学，17（2）：78-86.

喻文娟，杨先乐，唐俊，等，2006. 大口黑鲈肝细胞原代培养方法的建立 [J]. 上海海洋大学学报，15（4）：430-435.

于昱，袁缨，2006. 日粮中不同牛磺酸水平对蛋鸡体内脂类代谢的影响 [J]. 中国饲料（15）：25-28.

于昱，袁缨，郭东新，2006. 牛磺酸对老龄蛋鸡体内抗氧化作用影响的研究 [J]. 畜牧与兽医，38（8）：17-20.

赵红霞，王国霞，孙育平，等，2020. 水产新型饲料添加剂的研发与应用 [J]. 广东农业科学，47（11）：135-143.

赵巧娥，朱邦科，沈凡，等，2012. 饲料脂肪水平对鳜幼鱼生长、体成分及血清生化指标的影响 [J]. 华中农业大学学报，31（3）：357-363.

周婧，王旭，刘霞，等，2019. 饲料中牛磺酸水平对红鳍东方鲀免疫及消化酶的影响 [J]. 大连海洋大学学报，34（1）：101-108.

周铭文，王和伟，叶继丹，2015. 饲料牛磺酸对尼罗罗非鱼生长、体成分及组织游离氨基酸含量的影响 [J]. 水产学报，39（2）：213-223.

朱旺明，蓝汉冰，谭永刚，等，2019. 不同水平复合蛋白源等量替代鱼粉对大口黑鲈生长性能、体成分组成以及肝脏生化指标的影响 [J]. 饲料工业，40（16）：35-42.

Arnesen P，Krogdahl Å，Kristiansen I Ø，1993. Lipogenic enzyme activities in liver of Atlantic salmon (*Salmo salar* L.) [J]. Comparative Biochemistry and Physiology Part B: Comparative Biochemistry，105（3-4）：541-546.

Chang Y Y，Chou C H，Chiu C H，et al.，2010. Preventive effects of taurine on development of hepatic steatosis induced by a high-fat/cholesterol dietary habit [J]. Journal of Agricultural and Food Chemistry，59（1）：450-457.

Chen W，Matuda K，Nishimura N，et al.，2004. The effect of taurine on cholesterol degradation in mice fed a high-cholesterol diet [J]. Life Sciences，74（15）：1889-1898.

Choi M，Kim J H，Chang K J，2006. The effect of dietary taurine supplementation on plasma and liver lipid concentrations and free amino acid concentrations in rats fed a high-cholesterol diet [J]. Springer，Taurine 6：235-242.

Espe M，Ruohonen K，El-Mowafi A，2012. Effect of taurine supplementation on the metabolism and body lipid-to-protein ratio in juvenile Atlantic salmon (*Salmo salar*) [J]. Aquaculture Research，43（3）：349-360.

Freeman B A，Crapo J D，1982. Biology of disease: Free radicals and tissue injury [J]. Laboratory Investigation，47（5）：412-426.

Gandhi V，Cherian K，Mulky M，1992. Hypolipidemic action of taurine in rats [J]. Indian Journal of Experimental Biology，30（5）：413-417.

Gaylord T G，Teague A M，Barrows F T，2007. Taurine supplementation of all-plant protein diets for rainbow trout (*Oncorhynchus mykiss*) [J]. Journal of the World Aquaculture Society, 37 (4): 509 - 517.

Goto T, Tiba K, Sakurada Y, et al. , 2001. Determination of hepatic cysteinesulfinate decarboxylase activity in fish by means of OPA prelabeling and reverse - phase high - performance liquid chromatographic separation [J]. Fisheries Science, 67 (3): 553 - 555.

Hayes J, Tipton K, Bianchi L, et al. , 2011. Complexities in the neurotoxic actions of 6 - hydroxydopamine in relation to the cytoprotective properties of taurine [J]. Brain Res Bull, 55: 239 - 245.

Huang X, Huang Y, Sun J, et al. , 2009. Characterization of two grouper *Epinephelus Akaara* cell lines: Application to studies of Singapore grouper iridovirus (SGIV) propagation and virus - host interaction [J]. Aquaculture, 292 (3 - 4): 172 - 179.

Huxtable R J, 1992. Physiological actions of taurine [J]. Physiological Reviews, 72 (1): 101 - 163.

Jantrarotai W, Sitasit P, Rajchapakdee S, 1994. The optimum carbohydrate to lipid ratio in hybrid clarias catfish (*Clarias macrocephalus* × *C. gariepinus*) diets containing raw broken rice [J]. Aquaculture, 127 (1): 61 - 68.

Kaplan A, 1995. Clinical chemistry: Interpretation and techniques [M]. Philadelphia: Lippincott Williams & Wilkins.

Kim S K, Takeuchi T, Yokoyama M, et al. , 2005. Effect of dietary taurine levels on growth and feeding behavior of juvenile Japanese flounder *Paralichthys olivaceus* [J]. Aquaculture, 250 (3): 765 - 774.

Kjær M A, Vegusdal A, Berge G M, et al. , 2009. Characterisation of lipid transport in Atlantic cod (*Gadus morhua*) when fasted and fed high or low fat diets [J]. Aquaculture, 288 (3): 325 - 336.

Kumar P, Prasad Y, Patra A K, et al. , 2009. Ascorbic acid, garlic extract and taurine alleviate cadmium - induced oxidative stress in freshwater catfish (*Clarias batrachus*) [J]. Science of the Total Environment, 407 (18): 5024 - 5030.

Liu Q, Kong B, Li G, et al. , 2011. Hepatoprotective and antioxidant effects of porcine plasma protein hydrolysates on carbon tetrachloride - induced liver damage in rats. [J]. Food & Chemical Toxicology, 49 (6): 1316 - 1321.

Martínez - Álvarez R M, Morales A E, Sanz A, 2005. Antioxidant defenses in fish:

Biotic and abiotic factors [J]. Reviews in Fish Biology and Fisheries, 15 (1): 75 – 88.

Murakami S, Kondo Y, Toda Y, et al. , 2002. Effect of taurine on cholesterol metabolism in hamsters: Up – regulation of low density lipoprotein (LDL) receptor by taurine [J]. Life Sciences, 70 (20): 2355 – 2366.

Ogunjij O, Nimptsch J, Wiegand C, et al. , 2007. Evaluation of the influence of housefly maggot meal (magmeal) diets on catalase, glutathione S – transferase and glycogen concentration in the liver of *Oreochromis niloticus* fingerling [J]. Comparative Biochemistry and Physiology A, 147 (4): 942 – 947.

Park T, Lee K, Um Y, 1998. Dietary taurine supplementation reduces plasma and liver cholesterol and triglyceride concentrations in rats fed a high – cholesterol diet [J]. Nutrition Research, 18 (9): 1559 – 1571.

Park T, Oh J, Lee K, 1999. Dietary taurine or glycine supplementation reduces plasma and liver cholesterol and triglyceride concentrations in rats fed a cholesterol – free diet [J]. Nutrition Research, 19 (12): 1777 – 1789.

Pasantes – morales H, Quesada O, Alcocer L, et al. , 1989. Taurine content in foods [J]. Nutrition Reports International, 40 (4): 793 – 801.

Peters L D, Livingstone D R, 2010. Antioxidant enzyme activities in embryologic and early larval stages of turbot [J]. Journal of Fish Biology, 49 (5): 986 – 997.

Salze G P, Davis D A, 2015. Taurine: A critical nutrient for future fish feeds [J] . Aquaculture, 437: 215 – 229.

Shimeno S, Shikata T, 1993. Effects of acclimation temperature and feeding rate on carbohydrate – metabolizing enzyme activity and lipid content of common carp [J]. Bulletin of the Japanese Society of Scientific Fisheries (Japan), 59: 661 – 666.

Sies H, 1997. Oxidative stress: Oxidants and antioxidants [J]. Experimental Physiology, 82 (2): 291 – 295.

Wu J L, Zhang J L, Du X X, et al. , 2015. Evaluation of the distribution of adipose tissues in fish using magnetic resonance imaging (MRI) [J]. Aquaculture, 448: 112 – 122.

Yan J, Liao K, Wang T, et al. , 2015. Dietary lipid levels influence lipid deposition in the liver of large yellow croaker (*Larimichthys crocea*) by regulating lipoprotein receptors, fatty acid uptake and triacylglycerol synthesis and catabolism at the transcriptional level [J]. PloS one, 10 (6): e0129937.

Yang S F, Tzang B S, Yang K T, et al. , 2010. Taurine alleviates dyslipidemia and liver damage induced by a high – fat/cholesterol – dietary habit [J]. Food Chemistry, 120 (1): 156 – 162.

Yokogoshi H, Mochizuki H, Nanami K, et al., 1999. Dietary taurine enhances cholesterol degradation and reduces serum and liver cholesterol concentrations in rats fed a high – cholesterol diet [J]. The Journal of Nutrition, 129 (9): 1705 – 1712.

Yokogoshi H, Oda H, 2002. Dietary taurine enhances cholesterol degradation and reduces serum and liver cholesterol concentrations in rats fed a high – cholesterol diet [J]. Amino Acids, 23 (4): 433 – 439.

Yokoyama M, Takeuchi T, Park G S, et al., 2001. Hepatic cysteinesulphinate decarboxylase activity in fish [J]. Aquaculture Research, 32 (S1): 216 – 220.

Yun B, Ai Q, Mai K, et al., 2012. Synergistic effects of dietary cholesterol and taurine on growth performance and cholesterol metabolism in juvenile turbot (*Scophthalmus maximus* L.) fed high plant protein diets [J]. Aquaculture, 324: 85 – 91.

Zeng D, Gao Z, Huang X, et al., 2012. Effect of taurine on lipid metabolism of broilers [J]. Journal of Applied Animal Research, 40 (2): 86 – 89.

图书在版编目（CIP）数据

水产动物的牛磺酸营养 / 韩雨哲，任同军著 . —北京：中国农业出版社，2022.5
ISBN 978-7-109-29426-4

Ⅰ.①水… Ⅱ.①韩… ②任… Ⅲ.①水产动物—牛磺酸—动物营养 Ⅳ.①S963

中国版本图书馆 CIP 数据核字（2022）第 081353 号

中国农业出版社出版

地址：北京市朝阳区麦子店街 18 号楼
邮编：100125
责任编辑：刘 伟 林珠英
版式设计：杨 婧 责任校对：吴丽婷
印刷：北京中兴印刷有限公司
版次：2022 年 5 月第 1 版
印次：2022 年 5 月北京第 1 次印刷
发行：新华书店北京发行所
开本：700mm×1000mm 1/16
印张：10
字数：240 千字
定价：40.00 元